상하이
공간으로 체험하다

글쓴이 소개 | **김 문 덕**

건국대학교 실내디자인학과 교수
한국실내디자인학회 명예회장
건축학 박사

《도쿄·요코하마, 공간으로 체험하다》
《유럽 현대건축여행 2@@2》
《네덜란드 근현대건축과 렘 콜하스》
《한 눈에 들어오는 건축 인테리어 로드맵-유럽 편》
《한 눈에 들어오는 건축 인테리어 로드맵-미국 서부 편》
《유럽 현대건축》
《실내디자인 졸업작품 전략》
《크리에이티브 이코노믹 인테리어디자인》
《공간 속의 디자인, 디자인 속의 공간》
등 저서 다수

상하이, 공간으로 체험하다

2013년 3월 5일 1판 1쇄 인쇄
2013년 3월 10일 1판 1쇄 발행

지은이 김 문 덕
펴낸이 강 찬 석
펴낸곳 도서출판 미세움
주 소 150-838 서울시 영등포구 신길동 194-70
전 화 02-844-0855 팩 스 02-703-7508
등 록 제313-2007-000133호

ISBN 978-89-85493-70-3   03610

정가 20,000원

저작권법에 의해 보호를 받는 저작물이므로 무단 전재와 복제를 금합니다.
잘못된 책은 교환해 드립니다.

상하이
공간으로 체험하다

김 문 덕 지음

이 저서는 건국대 글로벌캠퍼스의 연구년 결과로 수행된 것임.

상하이의 거리를 추억하며…

중국의 유인 우주선 선저우(神舟) 10호를 실은 창정(長征) 2호-F 로켓이 2013년 6월 11일 네이멍구(內蒙古) 자치구 주취안(酒川) 위성발사센터에서 하늘로 치솟았다는 기사를 인터넷을 통하여 보았다. 이것은 경제적으로 유럽이나 미국이 어려운 상황에서 경제대국이 된 중국의 도약을 보여주는 상징적인 사건이라고 할 수 있다. 물론 이런 징후들은 이것만이 아니어서 2008년의 베이징 올림픽, 2010년의 상하이 엑스포를 통하여 꾸준히 가시화되었다.

이렇게 필자가 도약하고 있는 중국, 그 중에서도 상하이에 대하여 관심을 갖게 된 것은 실내디자인학회에서 중국과의 교류를 통해서였다. 처음 방문했을 때의 기억은 상하이 와이탄의 건축물들을 관광객처럼 스쳐 지나갔던 것이나 아파트들이 국내보다는 디자인이 다양하다는 점과 상하이라는 도시의 역동성 정도였다. 오히려 오래된 성벽 근처에 고층빌딩이 세워지던 고도(古都)인 시안을 돌아보면서 우리가 과거 개발도상국 단계에 문화재를 경시하며 시행착오를 겪었던 것을 중국이 따라하는 것이 아닌가 하는 아쉬움이 중국에서 느껴지기도 하였다. 과거 문화재를 제대로 관리하지 못하였던 점이나 도시에서 공해 때문에 낮에도 자욱하게 안개가 깔린 것 같았던 분위기는 중국의 미래가 밝지만은 않게 느껴지기도 하였다.

그러나 학회의 워크숍이나 석, 박사 학생들과 답사 때문에 중국, 그리고 상하이를 방문하면서 나날이 발전하는 그 모습을 목격하고 상하이의 건축물과 실내공간에 대해서 자세히 알고 싶다는 생각을 하게 되었다. 그래서 연구년의 과제로 상하이의 건축과 실내공간에 대해서 책을 쓰겠다는 연구계획서를 제출한 것이 이 책의 출발이었다.

그러나 책을 쓰는 과정은 쉽지만은 않았는데, 첫째가 자료의 부족이었다. 상하이에 갈 때마다 상하이의 건축에 대한 책을 구매하였지만, 외국에서 출판된 책들은 대부분 정보가 많이 겹치는 것이 문제였다. 그나마 이안 선생이 쓴『혼돈 속의 질서-상하이 근대도시와 건축』(2003)이 와이탄 등의 근대건축을 이해하는 데는 큰 도움이 되었다. 물론 2007년에 중국에서 출판된『상하이 가이드북』이 현대건축을 이해하는 데 도움이 되었으나, 3개 국어로 표기되어 있는 관계로 정보의 양이 많지 않은 것과 건축물의 실내공간에 대한 언급이 거의 없는 것이 또 다른 난관이었다. 그 문제는 구글 등의 자료와 함께 모든 건축물을 방문하여 사진을 찍으면서 본 실내공간의 정보를 통하여 해결하였다.

또 2012년 사진자료 때문에 마지막으로 방문하였던 상하이는 매일 조금씩 비가 와서 푸둥 지역만 3일을 갔던 기억이 지금도 생생하다. 그럼에도 불구하고 많은 시행착오를 겪었는데, 아키데일리 상하이에 나온 자료를 보고 모포시스의 자이언트 인터렉티브 본사를 찾아갔다가 잘못된 인터넷 정보로 허탕을 친 일 등이 그것이었다.

이런 과정을 통하여 책을 마무리하면서 책의 집필에 도움을 준 사람들에게 감사의 말을 전한다. 중국은 거리에서 영어가 통하지 않고 또 호텔 등이 중국명과 영어명이 다르기에 건축물 명칭의 중국어 발음을 일관되게 표기하게 해준 중국 유학생 전일여에 감사의 말을 전한다. 일여 학생의 도움은 상하이 책을 마무리하는 데 큰 도움이 되었다. 그리고 자이언트 인터렉티브 본사의 정확한 위치를 알게 된 후, 상하이에서 박사과정을 한 제자 김정이 사진을 찍어 보내주었기에 책에 수록이 가능하였다. 그것에 감사의 말을 전한다.

보이드플래닝의 강신재 소장은 푸리 호텔과 워터하우스의 사진을 찍어서 보내주었다. 물론 후에 다시 방문하여 필자도 사진을 찍었지만, 강 소장의 감각적인 사진을 몇 컷 사용하였기에 감사의 말을 전한다. 한 권의 책이 나오기까지 여러 사람들의 도움이 있기에 가능하였다고 본다.

마지막으로 항상 생전에 미흡한 아들을 항상 성원하여 주신 부모님과 함께 우리 가족에게 이 책을 받친다. 가족과 부모님의 성원이 없었다면, 이 책은 세상으로 나오지 못했을 것이다. 그리고 안동에 계신 장인의 만수무강을 빌면서 상하이의 거리에 대한 추억을 마무리하고자 한다.

2013년 2월 중순
산이 바라보이는 거실에서 …

상하이의 근대기 건축을 통하여 중국을 바라보다

상하이, 그리고 중국

최근 100년간 진행된 상하이라는 도시의 변모는 그대로 중국 역사의 축소판이다. 시안은 중국의 2000년 역사를 지켜보았으며 베이징은 1000년의 역사를 목격하였지만, 상하이는 그 마지막 100년의 역사를 증명해보이고 있다는 말은 상하이의 최근 100년 역사가 중국을 상징적으로 보여주고 있다는 것을 의미한다. 상하이를 근대 중국의 열쇠라고 하였던 로즈 머피가 말한 것처럼 과거 어촌이었던 중국 동부의 항구 도시인 상하이를 통하여 중국은 19세기 이래로 유럽의 치외법권, 포함(砲艦)외교, 조계제도 등을 경험하면서 서양문화인 합리주의, 법치주의, 과학, 효율성, 근대공업 등을 받아들였다. 그리고 동시에 전통의 모방, 연고주의, 경험주의, 비효율, 쇄국주의를 답습하는 동양문화도 상존하는 등 상하이에는 양대 문화가 공존하고 있는 것이다. 이렇게 상하이에서 서양문화와 동양문화가 충돌, 융화하고 있기에 근현대의 중국을 상하이를 통하여 볼 수 있다는 것이다.*

수도인 베이징이 정치의 중심지이면서 역사적·남성적인 북방의 도시라면, 상하이는 경제 중심지로서 여성적인 남방의 도시에 불과하나, 불과 800여 년이란 짧은 역사를 거치면서 태평양 앞바다를 건너온 각종 문화를 융합시키는 거대한 용광로이면서 서울의 10.5배 크기로 발전하는 중국을 표상하는 도시로 대두하고 있기에 최근 100년의 중국 역사를 상징하고 있는 것이다.**

* 양둥핑 저, 장영권 역, 중국의 두 얼굴, 펜타그램, 2008, p. 15 수정 인용.
** 상하이의 빛깔을 찾아서, 네이버 지식백과, 수정 인용.

상하이의 근대기 역사, 그리고 건축

과거 동방의 파리라고 불렸던 상하이는 현대 중국의 모순을 극단적으로 보여주는 전형적인 도시이기에 강을 중심으로 서로 마주 보고 있는 역사적인 지역인 와이탄과 미래를 향해 달리는 푸둥 지역의 대비가 상징적이다. 상하이는 1차 아편전쟁 이후 영국이 조계를 열면서 1843년 개항을 하기 전까지는 어업과 직물 제조업에 의존하였던 무명의 도시에 지나지 않았다. 청나라 초기에 영국의 동인도 회사 등이 중국에서 유일하게 서양에 개방된 항구인 상하이 남쪽 지역에서 무역을 하였으며, 영국은 차와 비단, 도자기를 수입하면서 교역의 불균형을 타개하기 위하여 아편을 가지고 중국에 왔다. 1825년 아편을 대가로 엄청난 양의 은이 서양에 유출된 것을 알고 중국에서는 1839년 영국 상인들을 체포하면서 3백만 파운드의 생아편을 바다에 버렸다. 그 사건 이후 협상에 만족하지 못한 영국 함대가 황푸장(黃浦江, 황포 강) 입구의 진지를 점령하였으며, 1842년 헨리 포틴저가 콘월리스 호에서 난징조약을 맺으면서 중국의 문이 열리게 되었다.*

이렇게 바다(海)로 나아간다(上)는 의미를 지닌 상하이는 아편전쟁 이후 영국에 의해서 중국의 역사적인 무대에 등장하게 된 것이다. 1844년 미국, 두 달 후에는 프랑스가 뒤를 이었고 1863년에 국제 조계가 세워지고 1895년에는 일본이 들어오면서 상하이는 치외법권을 부여받은 자치구가 되었다. 1853년에 이르러 상하이는 다른 모든 중국 항구를 추월하면서 18세기 중반에 인구가 5만, 1900년에는 100만이 되었으며 1930년대 외국인 거주자가 6만이 되면서 아시아 최대의 국제 무역항이 되었다.

상하이에는 다른 중국 지역 전체가 보유한 것보다 더 많은 차량과

* 브래들리 메이휴 저, 김옥철 역, 상하이-론리 플래닛 시티가이드, 2004, pp. 50-51 수정 인용.

함께 빌딩들이 있는 도시가 되었으며, 아편과 비단, 그리고 차 무역을 기반으로 하여 건설된 도시는 세계 주요 금융회사들을 끌어들이면서 활성화되었다.

상하이의 와이탄을 방문하면, 중국의 건축사가인 양빙더(楊秉德)가 근대적 관점에서 초기 발전기로 구분하였던 1840~1900년의 건축물들을 보면서 역사를 반추할 수 있다. 초기 발전기는 상하이 등 5개 도시를 개항, 상하이와 광저우에 조계지가 형성되면서 독자적인 자치도시로 발전하던 시기였다. 이 시기는 1850년 태평천국의 난 등으로 중국인과 서양인의 거주분리 원칙이 파기되어 중국인이 조계지로 오거나 서양인이 중국 거주지로 가면서 상하이가 근대 도시의 기틀을

근대기의 건축물들이 모여있는 와이탄 전경

* 이안, 혼돈 속의 질서 上海 근대도시와 건축 1845-1949, 미건사, 2003, p. 21 수정 인용.

만들던 시기였다.* 서양의 복고주의 양식이 대다수를 차지하던 이 시기에 세워진 건축물들은 와이탄에 위치한 G. G. 스콧과 W. 키드너가 설계한 영국 고딕 양식을 한 성삼위일체 교회당(1869), 중국인이 세웠던 최초의 은행인 중국통상은행이었던 모리스 & 그라톤의 유안팡 빌딩(1897)이 있다. 이 당시 건축물들은 대부분 조계지가 형성, 종교가 같이 유입되면서 선교사들이 건축한 천주교 예배당들이 많았다. 와이탄의 다른 지역에 동지아두 천주교 교회당(1853), 성 요셉 교회당(1861) 등이 세워졌으며, 유안팡 빌딩도 그 외관이 종교건축의 영향이 엿보이는 등 초기 발전기 상황들이 건축에 나타나 있다.

초기 발전기의 건축물인 성삼위일체 교회당 전경

종교적인 색채가 외관에 영향을 미친 유안팡 빌딩

발전흥성기 중 전기의 건축물인
중국 외환거래센터

현재 월도프 아스토리아 상하이 호텔로 사용 중인
상하이 클럽 전경

양빙더는 발전흥성기를 1900~1937년 사이로 구분하면서 다시 전, 중, 후기로 구분하였다. 그가 발전흥성기 중 전기인 1900~1912년 사이의 건축물들은 조계지의 범위가 확장되던 시기로 건축 양식에서는 서양식 복고주의에서 모더니즘으로 전환하는 특징이 나타나고 있다. 이 시기의 건축물 역시 주로 와이탄에 위치하고 있으며 중국 외환거래센터(1901)를 필두로 중국 상인연합 상하이 지점 빌딩(1901), 허핑 호텔 남루(1906), 상하이 가든 브리지(1907), 와이탄 기상신호탑(1907)이 있다. 또 와이탄 북부에 위치한 애스터 하우스 호텔(1910)과 쉬자후이 구에 위치한 쉬자후이 천주교회당(1910), 와이탄에 위치한 상하이 클럽(1911) 등도 이 시기의 건축물이다.

복고주의에서 모더니즘으로 전환하는 과도기적인 건축물답게 외관에서는 복고주의의 양식을 지니면서 모더니즘의 기술을 받아들이는 형식을 지닌 경우가 많았다. 초기 작품인 베커와 베데커가 설계한 중국 외환거래센터(1901)는 신고전주의 양식의 외관을 하면서 엘리베이터라는 신기술을 받아들였으며, 현재 월도프 아스토리아 상하이의 일부로 사용되고 있는 타런트 설계의 상하이 클럽(1911)은 후기작으로 외관은 후기 르네상스 양식을 하였지만 철근 콘크리트라는 신기술을 도입하여 건축하였다.

발전흥성기 중 중기로 구분한 1912~1919년 사이는 각 개항 도시의 조계지가 도시 주체로서 신속하게 발전하던 시기로, 조계지를 중심으로 건축활동이 활발하게 진행되었으나 건축물의 양식은 역시 모더니즘으로의 전환기였다. 이 시기는 영국과 프랑스 등 유럽 국가가 1차 세계대전으로 조계지에서의 세력이 잠시 소원하였으며 미국과 일본이 세력을 강화하던 시기였다.[*] 이 당시의 건축물들은 와이탄의 유니온 빌딩(1916), 아시아 빌딩(1916), 인민광장과 연결된 난징루에 위치한 상하이 패션 스토어 & 동아시아 빌딩(1917), 용안 백화점(1918), 신천지와 멀지 않은 지역에 위치한 모리스 주택(1917)이 있다.

마이클 그레이브스가 개수하여 현재 쓰리 온 더 번드라는 복합 상업공간으로 사용 중인 유니온 빌딩은 르네상스 양식을 하고 있으나 상하이 최초로 철골조를 한 건축물이며 무어헤드 & 할스가 설계한 아시아 빌딩은 신고전주의에 바로크 양식을 혼합한 절충주의 양식의 건축물이었다. 이 시기에 특기할 만한 점은 백화점 건축의 대두라고 할 수 있다. 레스터, 존슨 & 모리스가 설계한 상하이 패션 스토어 & 동아시아 호텔은 중국인이 설립한 씨엔스(先施) 공사 빌딩이었던 상하이 초기의 최대 백화점으로 르네상스 초기 양식을 취하면서 부분적

[*] 상게서, pp. 21–22.

으로 바로크 장식을 한 건축물이었으며 가격표시제, 일요일 휴무제도 도입과 함께 관례를 타파한 여성 점원의 고용 등 근대적인 새로운 시도를 하였다. 또한 중국인 상인 꾸오러(郭樂)가 홍콩에 창립한 용안공사가 개업한 용안 백화점은 철근콘크리트 구조의 건축물로 르네상스 양식의 외관을 하고 거대한 쇼윈도를 설치한 백화점, 식당, 댄스홀, 놀이 공원과 영화관으로 구성된 복합 상업공간이었다.

발전흥성기 중 중기로 구분한 1912~1919년 사이의 건축물들 역시 건축물의 양식은 모더니즘으로의 전환기였으나 철골조의 사용 같은 근대적 기술과 함께 중국인들이 운영하는 백화점이 대두하면서 운영에 있어 근대적인 시스템 등을 도입한 것이 특징이다.

발전흥성기 중 중기의 작품인 유니온 빌딩은 현재 쓰리 온 더 번드라는 상업공간으로 사용중

상하이, 공간으로 체험하다

상하이 패션 스토어 & 동아시아 호텔 전경

양빙더가 발전흥성기 중 말기로 구분한 1920~1937년 사이는 1차 세계대전의 종전과 5.4운동의 계기로 중국 민족주의가 일어나면서 중국에서 민족자본의 형성이 가능하게 된 시기로 대형 중국인 자본가에 의한 건축물이 중심을 이루던 시기였다.

이 당시 중국 최초의 근대 건축교육이 1923년 쑤저우 공업전문학교 건축과에서 시작되면서 1920년대를 기점으로 외국유학 출신의 중국 건축가가 등장, 중국 문예부흥식 건축과 모더니즘 건축양식이 뿌리를 내리기 시작하던 시기였다.* 이 시기에 와이탄이나 인민광장 근처의 난징루, 신천지 인근 지역 등 다양한 지역에서 많은 건축물들이 세워졌던 것을 알 수 있다. 지금 남아 있는 건축물들로만 본다면, 발전흥성기의 하이라이트 같은 느낌이 든다. 특히 이 시기는 파머 & 터너가 활발하게 활동하였던 시기로 와이탄에 상하이 HSBC 빌딩(1923), 맥콰리 은행(1923)을 필두로 상하이 해관 빌딩(1927), 허핑 호텔 북루(1929), 브로드웨이 맨션 호텔(1934), 중국은행 빌딩(1936) 등이 건축되었던 것을 알 수 있다.

또한 본격적으로 고전주의 양식을 탈피한 디자인을 전개한 헝가리인 건축가 라디슬라우스 휴텍의 상하이 무어 기념교회(1931), 상하이 국제호텔(1934) 등을 통하여 디자인이 아르데코 등 모더니즘으로 발전하였던 것을 알 수 있다. 이외에도 레스터, 존슨 & 모리스의 니신 빌딩(1921)과 구이린 빌딩(1924), 엘리엇 하자드의 구 화안 빌딩인 패시픽 호텔(1926)과 상하이 스포츠 클럽(1932), 무어헤드 & 할스의 자딘 매트슨 & 컴퍼니 빌딩(1922), 조지 L. 윌슨의 아시아 로얄 아시아틱 소사이어티 중국지부(1932), 스펜스 로빈슨 & 파트너스의 구 상하이 경마장 등 다양한 건축물들이 조계지역에 건축되었다.

* 상게서, p. 22.

상하이, 공간으로 체험하다

발전흥성기 중 말기 작품인 중국은행빌딩

아르데코 양식으로 표현된 라디슨라우스 휴덕의 상하이 국제호텔

또한 중국인 자본가의 대두와 함께 중국 건축가의 등장도 이 시기에 나타났다. 그 대표적 사례로 파머 & 터너와 리우치엔쇼우가 같이 설계한 중국은행 빌딩, 쥬앙쭌의 353 플라자(1933), 관송승+쥬빈의 상하이 시 제일백화점, 화거(華盖) 건축사무소의 헝산 몰러 빌라 호텔(1936)을 거론할 수 있다.

대형 중국인 자본가의 대두와 함께 유학파 중국 건축가의 대두는 중국은행 빌딩에서처럼 건축물의 외관에서 전통적인 중국식 지붕과 입면에서 전통적인 문양의 사용이라는 방식으로 나타났다. 이런 건축물들을 설계한 유학파 중국인 건축가인 쥬앙쭌은 일리노이 주립대학교, 리우치엔쇼우는 영국의 AA 스쿨, 쥬빈은 펜실베니아 주립대학교 출신의 건축가, 화거 건축사무소는 펜실베니아 대학 출신의 젼즈 등이 공동으로 운영한 상하이에서 가장 큰 건축사무소로 이외에도 펜실베니아 대학 출신의 판원쟈오, 미국 화교 출신의 리진페이, 미네소타 대학 출신의 동따요우 같은 건축가들이 당시에 활동하였다.

쇠퇴기의 대표작인 휴댁의 우통원 주택

1937~1949년은 양빙더가 쇠퇴기라고 지칭하였던 시기로 일본의 분격적인 강점기이면서 건축활동이 정체된 시기였다. 이 시기는 일본군과의 장기적인 전쟁으로 수많은 도시들이 파괴되었으나 항일전쟁 초반에는 조계지에서는 소규모의 건축활동이 있었으며 상하이에서는 상하이 도시건설 계획 등이 입안되어 일부 실행된 시기이기도 하였다. 이 시기는 라디슬라우스 휴덱의 우통원 주택(1938), C. H. 곤다의 상하이시 무역연합회 빌딩(1948) 등 상하이에서도 건축물 수가 현저하게 줄어든 것을 알 수 있다. 물론 이 시기 이후에도 젼즈의 저쟝 제일상업은행 빌딩(1951), 세르게이 안드레예프의 구 중쏘 우호 기념회관인 상하이 전시 센터(1955) 등이 세워지기는 하였지만 서서히 상하이의 근대기는 막을 내리면서 새로운 시대를 맞을 준비를 하고 있음을 알 수 있다. 이렇게 상하이 근대기의 중심이었던 와이탄 등은 현대기의 중심인 푸둥 지역에게 바통을 내주면서 역사적인 거리로 남게 되었다.

차 례

04 _ 상하이의 거리를 추억하며…
08 _ 상하이의 근대기 건축을 통하여 중국을 바라보다
26 _ 1박2일 추천 코스
28 _ 상하이 푸둥 국제공항 제1터미널
30 _ 상하이 푸둥 국제공항 제2터미널

포동 신구 _ 32

38 _ 진마오 타워
42 _ 상하이 국제금융센터
44 _ BEA 금융 타워
45 _ 상하이 포춘 플라자
46 _ 상하이 IFC 빌딩
48 _ 상하이 푸둥 애플스토어
49 _ 상하이 시티그룹 타워
50 _ 미래에셋 타워
51 _ 푸둥 샹그릴라 호텔 상하이
52 _ 제이드 온 36
54 _ 일식당 나다만 & 스시바 나다만
56 _ 수퍼 브랜드 몰
58 _ 상하이 역사박물관
60 _ 동방명주탑
61 _ 중국은행 상하이 빌딩
62 _ 보콤(Bank of Communication) 파이내셜 타워
63 _ 상하이 중국 핑안그룹 타워
64 _ 상하이 은행 빌딩
65 _ 원 루지아쭈이
66 _ 상하이 머천트 은행 빌딩
67 _ 종롱 재스퍼 타워
68 _ 상하이 푸지앙 브릴리언스 트윈 타워
69 _ HSBC 타워
70 _ 신 상하이 국제 빌딩
71 _ 진수이 빌딩
72 _ 상하이 상인 빌딩
73 _ 상하이 인두 빌딩
74 _ 중국 선박 빌딩
75 _ 상하이 세기 금융 빌딩
76 _ 상하이 인포메이션 타워
78 _ 중국보험 빌딩
79 _ 상하이 증권거래소
80 _ 푸둥 개발은행 빌딩
81 _ 상하이 제너럴모터스 본사
82 _ 상하이 과학기술관
84 _ 동방예술센터
85 _ 푸둥 전시관
86 _ 상하이 신 국제엑스포센터
88 _ 젠다이 히말라야 센터
90 _ 푸둥 케리 센터
92 _ 롱양루 자기부상열차역
93 _ 상하이 오리엔탈 스포츠 센터
94 _ 중국-유럽 국제 비즈니스 학교
96 _ 그린 이스트코스트 국제 플라자

상하이, 공간으로 체험하다

외탄 지역 _98

102 _ 록번드 아트 뮤지엄(RAM)
104 _ 더 페닌슐라 상하이
106 _ 상하이 가든 브리지
107 _ 번드 27(구 자딘 매트슨 & 컴퍼니 빌딩)
108 _ 허핑 호텔 북루
110 _ 허핑 호텔 남루
112 _ 번드 18(구 맥코리 은행)
114 _ 중국은행 빌딩
115 _ 구이린 빌딩
116 _ 중국 외환거래센터
117 _ 상하이시 무역연합회 빌딩
118 _ 상하이 해관 빌딩
119 _ 상하이 HSBC 빌딩
120 _ 싱리프 파이낸스 타워
121 _ 저장 제일상업은행 빌딩
122 _ 성삼위일체 교회당
123 _ 중국 상인연합 상하이 지점 빌딩
124 _ 유안팡 빌딩
126 _ 쓰리 온 더 번드-유니온 빌딩
128 _ 월도프 아스토리아 상하이
130 _ 니신 빌딩
131 _ 아시아 빌딩
132 _ 웨스틴 번드 센터 상하이
134 _ 예원
138 _ 상하이 예원상장
140 _ 와이탄 기상신호탑
141 _ 지우시 코퍼레이션 본사
142 _ 디 워터하우스 호텔

인민광장 주변 지역 _ 144

- 148 _ 상하이 박물관
- 150 _ 상하이 도시계획 전시관
- 151 _ 상하이 인민 빌딩
- 152 _ 상하이 미술관
- 154 _ 투모로 스퀘어
- 156 _ 시로스 플라자
- 157 _ 상하이 대극원
- 158 _ MoCA 상하이
- 160 _ 상하이 국제호텔
- 162 _ 상하이 스포츠클럽
- 164 _ 패시픽 호텔(구 화안 빌딩)
- 166 _ 신세계 백화점
- 167 _ 상하이시 제일백화점 빌딩
- 168 _ 남경로
- 170 _ 상하이 시마오 국제 플라자
- 171 _ 상하이 무어 기념교회
- 172 _ 하버 링 플라자
- 173 _ 하이퉁 증권 빌딩
- 174 _ 상하이 패션 스토어 & 동아시아 호텔
- 175 _ 용안 백화점
- 176 _ 353 플라자
- 177 _ 헨더슨 메트로폴리탄 빌딩
- 178 _ 지에팡 데일리 뉴스 본사

신천지 지역 _ 180

- 184 _ 신천지
- 186 _ 석고문 주택 오픈하우스
- 188 _ 프랑프랑 신천지 매장
- 190 _ 부티크 바이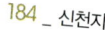
- 191 _ 비달 사순 아카데미
- 192 _ 알터 스토어
- 193 _ 상하이 센트럴 플라자
- 194 _ 랭햄 신천지 상하이 호텔, 안다즈 상하이
- 196 _ 슈이온 플라자
- 197 _ K11 아트몰
- 198 _ 홍콩 플라자
- 199 _ 상하이 플라자
- 200 _ 더 브리지 8
- 202 _ 전자방(티엔즈팡)
- 204 _ 상하이 신 진지앙 호텔
- 205 _ 모리스 주택
- 206 _ 풀만 상하이 스카이웨이 호텔
- 208 _ 진지앙 호텔 북루 (구 캐세이 맨션)
- 210 _ 오쿠라 가든 호텔 상하이
- 212 _ 상하이 유리예술박물관

상하이, 공간으로 체험하다

정안 구 지역 _ 214

218 _ 포시즌 호텔 상하이
220 _ 유니클로 상하이 플래그십 스토어
222 _ 시틱 스퀘어
223 _ 상하이 JC 만다린 호텔
224 _ 상하이 센터
225 _ 상하이 전시 센터(구 중쏘 우호 기념회관)
226 _ 우통원 주택
227 _ 유나이티드 플라자 상하이
228 _ 헝산 몰러 빌라 호텔
230 _ 조인바이 시티 플라자
232 _ 정안사
233 _ 월록 스퀘어
234 _ 더 푸리 호텔
237 _ 상하이 케리 센터
238 _ 플라자 66
240 _ 상하이 URBN 호텔
242 _ 800 SHOW 크리에이티브 파크

서가휘 지역 _ 244

248 _ 그랜드 게이트웨이
249 _ 상하이 실업 빌딩
250 _ 쉬자후이 천주교당
252 _ 이케아 상하이 쉬후이 매장
254 _ 상하이 스타디움
255 _ 상하이 도서관
256 _ 용화사
258 _ 상하이 남역
259 _ 상하이 장거리버스 남 터미널

264 _ 더 롱지몽 호텔 상하이
266 _ 레드 타운(홍팡)
268 _ SPSI 아트 뮤지엄
271 _ Z58
272 _ 구베이 신구 주택단지

장저 구 지역 _ 260

보타 지역 _ 274

278 _ 옥불사
280 _ 모간산루 M50
282 _ 브릴리언트 시티
283 _ 상하이 역
284 _ 차오양 신촌
286 _ 인터컨티넨탈 상하이 푸시 호텔

홍구 지역 _ 288

292 _ 브로드웨이 맨션 호텔
293 _ 애스터 하우스 호텔
294 _ 상하이 국제 크루즈터미널
296 _ 상하이 항 국제 크루즈터미널
297 _ 홍커우 축구장
298 _ 루쉰 기념관
299 _ 윤봉길 의사 기념관
300 _ 1933 라오창팡
302 _ 하이 상하이

동제 대학교 지역 _ 304

- 308 _ 동제 대학교 교육 및 연구 종합동
- 309 _ 동제 대학교 도서관
- 310 _ 동제 대학교 건축학부 신관
- 312 _ 동제 대학교 건축학부 구관
- 314 _ 동제 대학교 중독 학원
- 315 _ 동제 대학교 토목공학부
- 316 _ 동제 대학교 대강당
- 317 _ 동제 대학교 중불 센터
- 318 _ 상하이 유리박물관

기타 지역 _ 320

- 322 _ 자이언트 인터렉티브 그룹 본사
- 325 _ 상하이 치중 테니스센터

상하이 엑스포 _ 326

338 _ 찾아보기

1박 2일 추천 코스

1일 오전 외탄, 인민광장 주변

- ❽ 월도프 아스토리아 상하이
- ❽ 쓰리 온 더 번드
- ❽ 번드 18
- ❽ 허핑 호텔 북루
- ❽ 록번드 아트 뮤지엄
- ❽ 남경로
- ❽ 상하이 도시계획 전시관
- 신천지 + 석고문 주택 오픈하우스
랭햄 신천지 상하이 + 호텔 안다즈 상하이
K11 아트몰 **신천지 주변**

1일 오후 장저 구, 정안 구, 신천지 주변

- ❽ 레드타운-홍팡
- ❽ 플라자 66
- ❽ 더 푸리 호텔
- 전자방(티엔즈팡)

2일 오전 동제 대학교, 와이탄

- 308 동제 대학교 교육 및 연구 종합동
- 317 동제 대학교 중불 센터
- 310 동제 대학교 건축학부 신관
- 134 예원
- 138 상하이 예원상장

2일 오후 포동 신구

- 48 상하이 푸둥 애플스토어
- 46 상하이 IFC 빌딩
- 38 진마오 타워
- 38 상하이 국제금융센터
- 56 수퍼 브랜드 몰
- 82 상하이 과학기술관
- 84 동방예술센터
- 88 젠다이 히말라야 센터

일정 외의 추천할 만한 건축물

1933 라오창팡 **300** | 상하이 항 국제 크루즈터미널 **296** | 상하이 국제 호텔 **160** | 디 워터하우스 호텔 **142** | 헝산 몰러 빌라 호텔 **228** | 옥불사 **278** | 모간산루 M50 **280** | SPSI 아트 뮤지엄 **268** | 상하이 남역 **258** | 상하이 유리박물관 **318** | 자이언트 인터렉티브 그룹 본사 **322**

※ 일정의 흐름상 약간 떨어진 지역에 위치하였거나 외곽에 있는 건축물이라서 일정에서는 제외하였으나 개인의 선호에 따라 일정을 조정하여 방문하기 바랍니다.

상하이 푸둥 국제공항 제1터미널

迎賓大道 6000番   폴 앙드뢰+ECADI(화둥건축설계연구원), 1999

상하이 푸둥 국제공항 제1터미널은 상하이 도심에서 남동쪽으로 약 30km 떨어진 해안가 근처에 위치한 국제공항으로 길이 4km, 폭 60m 크기의 활주로 1개소와 항공기 76대가 동시에 머무를 수 있는 80만㎡의 계류장을 갖추고 있다.

외관을 파도를 모티브로 디자인하였다는 제1터미널은 3층에 28만㎡ 규모로 주 건축물과 탑승 대기공간으로 구성하면서 2개 통로로 연결하고 있다.

파리의 샤를르 드골 공항을 비롯하여 다수의 공항을 설계한 공항 건축 전문가이기도 한 폴 앙드뢰(Paul Andreu)는 마치 날렵한 갈매기의 날개를 연상시키기도 하는 곡선형 지붕과 청색으로 도색된 천장, 그리고 천장 구조를 지지하는 케이블과 지지하는 봉들이 하늘에서 떨어지는 혜성들을 연상시킨다고 평하였다.

건축가는 공항을 크게 게이트 콩코스, 출발 홀, 도착 플랫폼, 상점이라는 4개 구역으로 구분하였으며 각 구역은 곡선형 지붕으로 덮여 있다.

한국으로 출국을 하기 위해 대기공간에서 기다리다 보면 의외의 사실을 발견하게 된다. 청색으로 도색된 천장과 천장 구조를 지지하는 케이블이 너무 시각적으로 부각되어서 대기공간에 있는 기둥들이 천장을 지지하기보다는 매달린 것 같은 날렵한 구조로 해결하였다는 사실이다.

실제로 지지하는 구조의 역할은 맨 외곽의 트러스

상하이 푸둥 국제공항 제1터미널

폴 앙드뢰+ECADI(화동건축설계연구원), 1999

迎賓大道 6000番

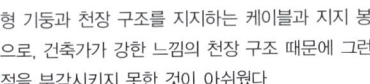

형 기둥과 천장 구조를 지지하는 케이블과 지지 봉으로, 건축가가 강한 느낌의 천장 구조 때문에 그런 점을 부각시키지 못한 것이 아쉬웠다.

아시아 최고의 허브 공항을 목표로 하는 푸둥 국제 공항은 현재 리처드 로저스 파트너십이 설계한 제2터미널도 완공되었으며, 2015년에 제3터미널이 완성될 예정이다.

푸둥 국제공항에서 시내의 롱양루 역까지는 시속 431km 속도인 자기부상열차로 8분 만에 도착하며, 상하이의 또 하나의 공항인 훙차오 국제공항은 약 40km 거리에 위치하고 있다.

www.paul-andreu.com

상하이 푸둥 국제공항 제2터미널

리처드 로저스 파트너십+ECADI(화동건축설계연구원), 2008

푸둥 국제공항 제2터미널은 제1터미널의 반대편에 세워진 3층 규모의 국제공항으로 6천만 명의 승객과 420만 톤의 화물을 처리할 수 있는 용량을 갖추고 있다.

폴 앙드뢰의 청색 천장을 한 제1터미널보다 더 날렵하면서 유기적인 형상의 갈매기 날개 같은 지붕 구조를 지닌 제2터미널은 목재로 마감한 천장과 나무 구조를 모티브로 한 것 같은 기둥들, 그리고 날렵한 구성의 천창에 의한 채광과 함께 터미널 내부에서 출국장으로의 방향성을 부여하고 있다.

제1터미널의 약간 어두운 분위기와 일견 복잡해 보이는 천장 구조, 중국적인 아이덴티티의 부재를 의식하여 디자인한 것 같은 제2터미널은 동일한 건축가 팀인 리처드 로저스 파트너십(Richard Rogers Partnership)이 디자인한 마드리드의 바라하스 제4터미널의 친환경적인 분위기를 재해석한 것 같이 디자인하였다.

제2터미널은 그런 부분을 보완하여 공간감이 있으면서 밝은 분위기의 친환경적인 공항터미널로 디자인하였으나, 외관은 약간 비례감이 결여된 것 같은 아쉬움이 있는 건축물이기도 하다. 그래서인지 건축가 팀의 홈페이지에도 초기의 계획안만을 보여주고 있다.

상하이 푸둥 국제공항 제2터미널

리처드 로저스 파트너십+ECADI(화둥건축설계연구원), 2008

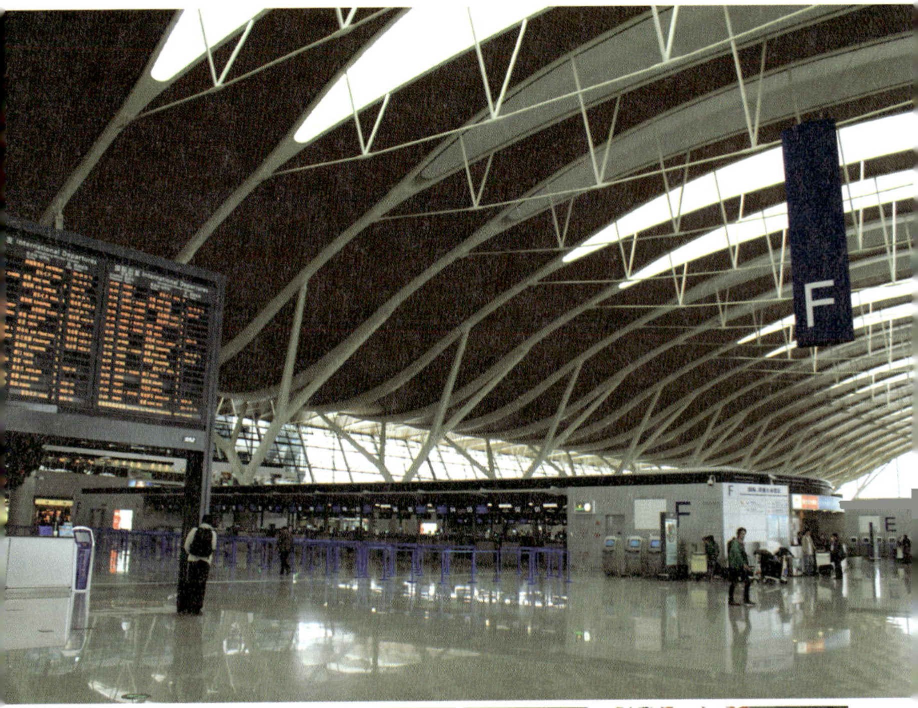

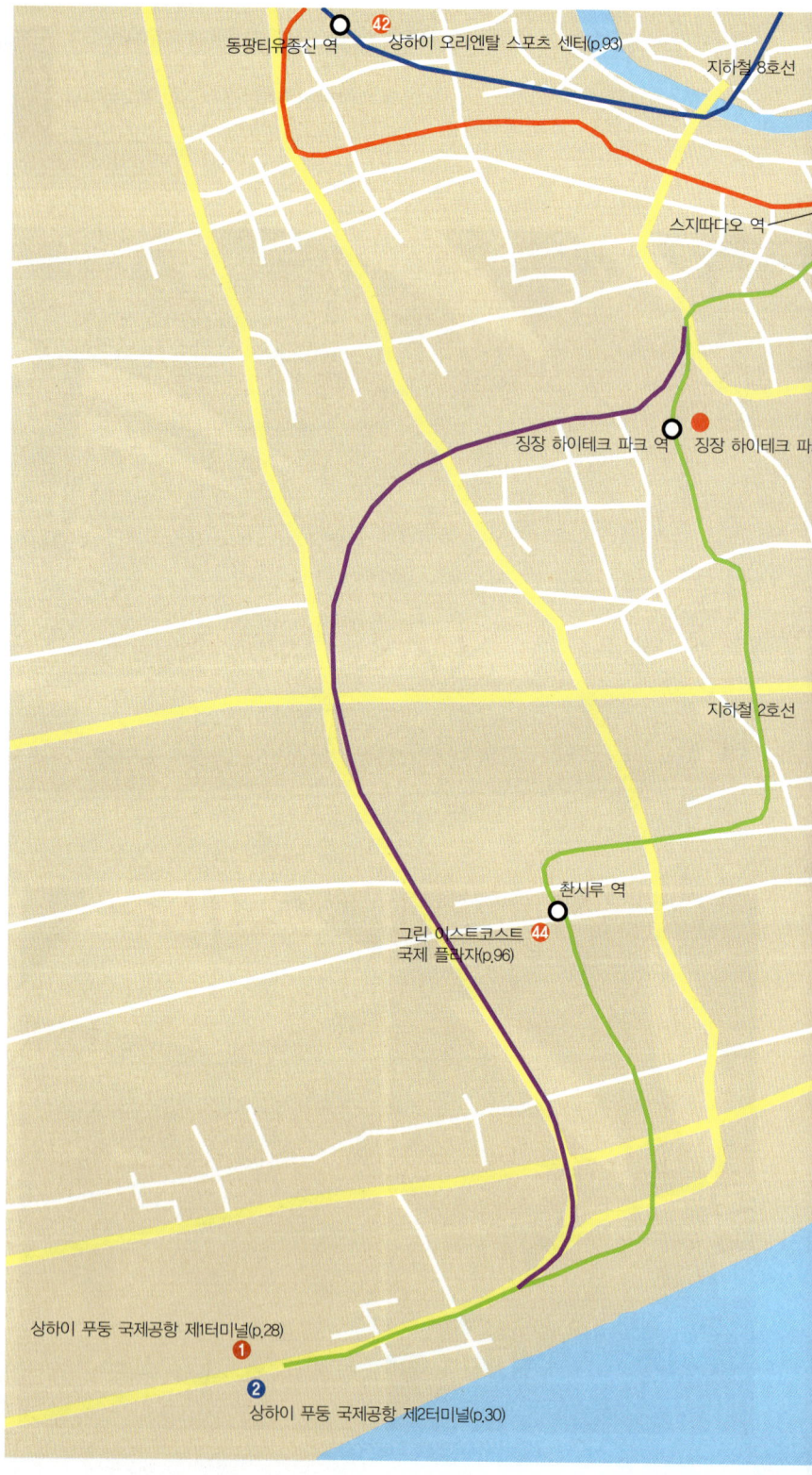

지하철 6호선

43 중국-유럽
국제 비즈니스 학교
(p.94)

浦东新区 푸둥신취

포동 신구

- 상하이 세기 금융 빌딩
(p.75)

- 중국 선박 빌딩
(p.74)

- 상하이 증권거래소
(p.79)

- 푸둥 개발은행 빌딩
(p.80)

지하철 2호선
둥창루 역

상하이 제너럴모터스 본사
(p.81)

- 상하이
신 국제엑스포센터
(p.86)

포동 신구 중심지와 상하이 과학기술관 지역

포동 신구 지역

포동(浦東 푸둥)은 글자 그대로 황포(黃浦 황푸)의 동편, 강의 오른쪽 둑이란 의미를 가진 지역으로 황푸 강 서편의 상하이 구 시가지인 포서(浦西 푸시)와는 구분된다.

청대부터 포동으로 불리기 시작한 이 지역은 과거에는 어민들과 농부들이 살던 허름한 지역이었다. 아편전쟁 이후 상하이가 개항, 와이탄이 활성화되면서 포동 역시 도시적인 면모가 드러나게 되었다.

1927년 국민당 정부가 상하이를 특별시로 지정하면서 포동의 발전을 구상했으나, 1941년 태평양전쟁으로 다시 폐허가 되었다.

1945년 전쟁이 끝난 후 다시 이 지역이 활기를 찾게 되었으며 1990년 시가 포동 신구 개발 3단계 전략을 발표한 후 포동은 체계적으로 현대화되기 시작하였다.

포동 신구는 시 중심과 황푸 강 사이에 위치한 총면적 522.75㎢인 삼각주 지역으로 동쪽으로는 동중국해, 서쪽으로는 황푸 강을 경계로 하고 있다.

2009년 포동 신구는 남회(南匯 난후이) 구를 합병하여 상하이 시 동쪽의 대부분을 차지하게 되었다.

현재 포동 신구를 포함한 포동 지구는 중국의 금융 및 상업의 허브로 대두하였으며 포동 신구에는 륙가취(陆家嘴 루지아쭈이) 금융무역지구가 있다.

륙가취 금융무역지구는 금융, 무역, 상업 등의 산업을 하나로 묶은 중앙 비즈니스 지구로 포동 신구의 황금알 같은 곳으로 교통과 사회 인프라와 함께 중국에서 유일하게 3차 산업의 발전을 목표로 삼고 있는 개발지구인 것이다.

이 지구에는 금융 발전 선행, 무역시장 부흥이라는 기치 아래 상하이의 발전을 상징하는 마천루들이 즐비하게 서 있다.

동방명주탑을 비롯하여 SOM의 진마오 타워, KPF의 상하이 국제금융센터, 펠리 클라크 펠리의 IFC는 물론 겐슬러가 설계한 128층 높이의 상하이 타워가 2015년 완공될 것이다.

진마오 타워

| 世紀大道 88号 | SOM+SIADR(상하이건축설계연구원)(건축), 빌케이 리나스 디자인(호텔 실내), 1999 |

진마오 타워

SOM+SIADR(상하이건축설계연구원)(건축), 빌케이 리나스 디자인(호텔 실내), 1999

世紀大道 88号

진마오 타워는 한눈에도 중국의 전통적인 탑의 형태를 모티브로 한 것을 알 수 있는 상하이 푸둥 지구의 루지아쭈이에 위치한 지상 88층, 지하 3층의 초고층 복합빌딩이다.

푸둥 지역의 랜드마크이기도 한 420.5m 높이의 타워는 1~52층은 업무공간, 53~87층은 호텔, 88층에는 전망대가 있는 건축물로 준공 당시 세계 3위, 중국에서는 최고로 높았었다.

연면적 29만㎡ 규모의 건축물의 구체적인 층별 용도는 3~50층은 업무공간, 51~52층은 기계와 설비를 위한 공간, 53~87층은 555개의 객실을 갖춘 그랜드 하얏트 호텔로 구성되어 있다.

호텔 내의 높이 152m, 직경 27m의 거대한 아트리움은 호텔의 상징적인 공간으로 88층의 전망대에서 바라보면 역동적인 공간감을 느낄 수 있다.

타워 하부에 위치한 T자형 평면을 한 6층 높이의 부속동에는 하얏트 호텔의 회의와 연회 시설, 레스토랑, 21,000㎡의 쇼핑센터, 지하 3층에는 푸드코트, 전망대를 오르기 위한 대기 및 매표공간이 위치하고 있다.

내풍과 내진 성능을 위해 복합 철골구조로 이루어진 건축물은 사람이 팔을 내뻗어 몸을 안정시키기 위해 양손으로 깍지를 끼고 있는 모습을 하고 있어 초속 55m의 태풍에 견딜 수 있다.

40 진마오따샤 金茂大厦   포동 신구 | 浦东新区 푸둥신취

p.34
①

진마오 타워

世紀大道 88号   SOM+SIADR(상하이건축설계연구원)(건축), 빌케이 리나스 디자인(호텔 실내), 1999

진마오 타워

SOM+SIADR(상하이건축설계연구원)(건축), 빌케이 리나스 디자인(호텔 실내), 1999

世紀大道 88号

중국 최고의 인텔리전트 빌딩으로서 빌딩 자동화, 방재, 통신 시스템이 구축되어 있는 건축물은 중국 개방정책의 상징적인 건축물로 명칭인 진마오는 중국어로 많은 돈을 의미하고 있어 건축물의 이름에서 조차 중국의 시장개방과 자본주의의 영향을 알 수 있다.

재미있는 것은 건축물의 설계에서부터 시공에 이르기까지 층수 88층, 높이와 너비의 비 8 대 1, 전단벽 코어 8면체, 외곽 복합기둥 8개, 완공일 1998년 8월 8일 등이 그것으로, 이것은 중국인들이 숫자 가운데 8을 선호하기 때문이다.

중국에서 제일 높은 건축물이었던 타워는 바로 옆에 서 있는 월드 파이낸셜 센터와 대비되어 더 그 존재감이 부각되고 있다. 이 두 타워 옆에는 2015년 완공되면 중국 최고의 마천루가 될 128층 높이의 상하이 타워가 겐슬러의 설계로 공사 중으로 상하이에서의 초고층 건축물들의 경쟁은 진행 중이다.

실내디자인이나 건축을 전공한 사람이라면 호텔의 아트리움 하부에 위치한 라운지에서 커피 한 잔 마시면서 실내공간과 함께 아트리움의 공간감을 느껴보기 바란다.

www.som.com
www.jinmao88.com
www.bilkeyllinas.com

상하이환츄진롱쫑신 上海环球金融中心　　　　　　　　　포동 신구 | 浦东新区 푸둥신취

상하이 국제금융센터

世紀大道 100号　　KPF+이리에 미야케 아키텍츠+ECADI(화둥건축설계연구원), 토니 치(실내), 2008

상하이 국제금융센터는 푸둥 지구의 진마오 타워 바로 옆에 세워진 지상 101층, 지하 3층에 492m 높이를 한 복합용도의 건축물로 중국에서 가장 높으면서 세계에서 3번째로 높은 빌딩이다.

연면적 379,362㎡ 규모의 업무공간과 호텔, 상업공간으로 구성되었다. 푸른색의 커튼월에 의한 날렵한 곡선의 솟아오르는 듯한 형태를 한 센터의 디자인은 고대 중국인들의 하늘은 둥글고 땅은 네모라는 '천원지방(天圓地方)'의 원리를 이용하여 대지를 나타내는 상징인 정사각형의 기둥이 하늘을 상징하는 원을 관통하는 것을 표현한 것이다.

대지와 하늘이라는 자연요소의 충돌에 의해 건축물은 일체화된 형태로 구성하면서 최상층부에 뚫려있는 개구부는 하늘의 현관인 동시에 구조의 균형을 맞추는 장치로 디자인한 것이다.

원형의 개구부가 일장기를 상징한다고 하여 사다리꼴 형태로 변경되기는 하였지만, 형태의 결과는 그런 과정을 거친 것이다.

최상층부는 전망대로 개방하여 일반인들이 세계에서 최고로 높은 곳에서 상하이라는 도시를 바라보도록 배려하였으며, 외관의 형태와 걸맞는 기능으로 판단되는 것이다.

상업공간과 볼룸이나 카페 등이 있는, 거친 브라질산 화강석과 유리 커튼월, 독일산 라임스톤과 알루미늄이 대비를 이루는 5층 높이의 기단부 역시 원과 사각형의 관입이 만들어낸 구성의 형태로 기단부로서의 무게감을 부여하면서 방향성에 대한 배려도 하였다.

뉴욕 거주의 중국계 디자이너 토니 치는 호텔의 실

상하이환츄진롱쫑신 上海环球金融中心

상하이 국제금융센터

p.34 ②

KPF+이리에 미야케 아키텍츠+ECADI(화둥건축설계연구원), 토니 치(실내), 2008 世纪大道 100号

내디자인 콘셉트를 현대적인 중국의 주거공간으로 설정, 1층의 16m 높이의 진입부를 통하여 호기심을 유발하면서 전망을 확보한 상층부에서의 기품 있고 세련된 디자인의 공간에 예술가들의 작품을 곳곳에 설치하여 국제금융센터에 걸맞는 호텔의 공간을 창조하였다.

호텔의 모든 객실에서는 아름다운 황푸 강의 전경을 감상할 수 있으며, 세계에서 가장 높은 수영장과 호텔 로비 등 모든 시설 앞에 세계에서 가장 높다는 수식어가 붙는 호텔의 투숙 비용 역시 상하이 사상 최고의 호텔 숙박비라고 한다. 이런 비싼 호텔에서 디자인 전공자들은 로비 라운지에서 커피 한 잔을 마시면서 토니 치가 디자인한 공간의 분위기를 느껴 볼 수 있다.

http://en.wikipedia.org/wiki/Shanghai_World_Financial_Center
www.kpf.com
www.tonychi.com

동아인항다싸 东亚银行大厦 　　　　　　　　포동 신구 | 浦东新区 푸둥신취

BEA 금융 타워

花园石桥路 66号　　테리 파렐 & 파트너스, 2009

BEA 금융 타워는 루지아쭈이 금융무역 지구에 위치한 45층, 연면적 75,000㎡ 규모의 업무용 건축물이다.

코어를 중심으로 H자형의 평면을 한 타워는 중앙의 코어 부분이 상층으로 올라가면서 사선으로 처리하였다. 코어 양 옆의 매스는 수직성을 강조하는 금속과 유리로 마감한 리브형의 구조물을 설치, 최상층에 사선의 날개형 구조물로 수직성과 역동성을 표현한 날렵한 외관의 건축물이다.

친환경적인 디자인을 도입한 타워의 전략은 하절기에는 햇빛을 차단하고 동절기에는 봉투효과를 통하여 실내공간의 열 손실을 최소화하는 것이다.

구체적인 친환경 장치로 남측 면은 스크린 월이란 개념을 도입하여 난방용 에너지를 취하고, 전면의 리브형 구조물은 늦은 오후의 햇빛을 차단하는 역할을 하는 기능적인 장치로 디자인하였다.

타워를 설계한 영국의 건축사무소인 테리 파렐 & 파트너스는 인천공항과 연결된 하이테크 양식의 건축물인 교통 센터도 설계하였으며, 이 프로젝트에서는 하이테크한 접근보다는 친환경과 기술을 접목시킨 에코테크적인 접근으로 차별화시키고 있다.

포동 신구 | 浦东新区 푸동신취

상하이 포춘 플라자

상하이차이푸광창 上海财富广场

p.34 ④

프란시스 르파 아키텍처+카소리아 & 마렉 아키텍츠, SIADR(상하이건축설계연구원), 2003

商城路 3号

상하이 포춘 플라자는 루지아쭈이 금융무역지구의 상청루(商城路)에 면한 단지에 위치한 7동의 건축물로 구성된 업무용 빌딩이다.

지상 4층, 지하 1층 규모의 건축물은 유리와 금속의 커튼월로 구성된 하이테크한 구성에 부분적으로 황색 타일로 마감하여 차가운 느낌을 순화시켰다.

각 동들은 전체적인 통일감을 가지고 있으나 디자인에 변화를 주어 맥락을 취하면서도 다양한 형상을 한 건축물들이 모여 있는 거리처럼 디자인하였다. 일부 동은 마치 우주선을 연상시키는 타원형의 캐노피로 디자인하여 미래적인 분위기로 연출하는 등 각 동들의 디자인에 변화를 주고 있다.

수목이 우거진 환경에 개방된 이중의 유리 커튼월을 한 건축물은 각 창의 상부에 블라인드를 설치, 여름에는 내외부 공기의 압력차를 이용하여 블라인드에 의해 실내의 더워진 공기를 실외로 배출하는 등 친환경적으로 디자인하였다.

저층형의 업무용 단지로 각 동마다 디자인에 변화를 주면서 친환경적인 접근을 하는 등 미래지향적인 디자인이 인상적인 프로젝트다.

상하이 IFC 빌딩

世纪大道 8号 펠리 클라크 펠리(건축), 베노이 아키텍츠(몰 실내), 원 플러스 파트너십(팰리스 시네마 실내), 2011

상하이 IFC 빌딩

펠리 클라크 펠리(건축), 베노이 아키텍츠(몰 실내), 원 플러스 파트너십(팰리스 시네마 실내), 2011

世紀大道 8号

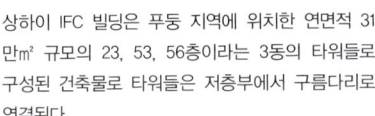

상하이 IFC 빌딩은 푸둥 지역에 위치한 연면적 31만㎡ 규모의 23, 53, 56층이라는 3동의 타워들로 구성된 건축물로 타워들은 저층부에서 구름다리로 연결된다.

HSBC의 중국 본사가 있는 업무용 타워, 서비스 아파트, 리츠칼튼 호텔과 쇼핑몰로 구성된 IFC 빌딩은 홍콩의 IFC 빌딩도 설계한 시자 펠리가 주도하는 펠리 클라크 펠리가 디자인하였다.

외관으로만 보면, 수정처럼 모서리의 각을 친 쌍둥이처럼 느껴지는 날렵한 형태의 타워가 인상적인 건축물로 IFC 몰과 연결되는 지하공간의 진입부에 있는 원형의 선큰 광장에 유리의 원통형 출입구 구조물이 있는 애플 매장이 휴먼스케일에서의 랜드마크처럼 보인다.

바로 옆에 건설 중인 상하이 타워가 상하이의 스카이라인의 정점이 되겠지만 현재로는 진마오 타워, 상하이 국제금융센터에 IFC 빌딩이 가세하면서 푸둥 지역의 트리오로 부각되고 있다.

290개의 객실이 있는 9만㎡ 규모의 리츠칼튼 호텔은 부속시설로 연회 및 회의시설, 피트니스 센터와 수영장, 레스토랑 등이 있다.

아르마니 같은 명품매장이 있는 Y자 평면을 한 6층 높이, 11만㎡ 규모의 수정 같은 형태를 모티브로 하여 디자인한 쇼핑몰은 상하이에서 가장 큰 실내 쇼핑몰의 하나로 베노이 아키텍츠에서 디자인하였다. 쇼핑몰과 같이 있는 1,800㎡ 규모의 팰리스 시네마는 원 플러스 파트너십에서 디자인하였다.

www.pcparch.com
www.benoy.com
www.shanghaiifc.com.cn

포동 신구 | 浦东新区 푸둥신취

상하이 푸둥 애플스토어

世纪大道 8 号   볼린 시윈스키 잭슨, 2010

동방명주탑 근처의 선큰 광장에 유리로 된 원통형 구조물이 거대한 오브제처럼 서 있다. 투명한 오브제 같은 원통형 유리 구조물 안에 보이는 애플 제품의 로고를 보면서 우리는 이곳이 상하이 푸둥 애플스토어임을 알 수 있다.

마치 한스 홀라인이 설계한 독일의 메헨그라트바흐 미술관이 지하에 설치된 것처럼 젊은이들에게 숨겨진 보물 같은 애플 제품을 구매하려면 크노소스의 미궁 같은 지하세계로 와야만 한다는 것을 상징하는 것 같다.

한쪽이 계단으로 처리된 선큰 광장은 애플을 위한 이벤트를 할 때 계단을 관객석으로 사용하려는 의도가 내포되어 있으며, 유리로 마감한 원통형 오브제 같은 출입구는 미니멀한 애플 제품을 상징하고 있다.

애플 제품을 사용하는 젊은이들이 특권층처럼 원통형의 입구를 통해서 지하세계로 들어가면 애플 제품이 공간화된 것 같은 매장이 나타난다. 애플 제품을 최대한 군더더기 없이 미니멀하게 디자인한 것처럼, 계단의 디테일을 보면 최대한 많이 유리로 처리하여 제품과 공간을 같은 이미지로 일체화시켜 디자인한 것을 알 수 있다.

www.bcj.com
www.apple.com.cn/retail/pudong

| 포동 신구 | 浦東新区 푸둥신취

상하이화치찌투안다싸 上海花旗集团大厦

상하이 시티그룹 타워

p.34
⑦

니켄세케이+SIADR(상하이건축설계연구원), 2005   浦东南路 528号

상하이 시티그룹 타워는 푸둥의 샹그릴라 호텔 근처에 세워진 지상 40층, 지하 3층에 연면적 118,000㎡ 규모의 건축물로 시티그룹 등 금융기업을 대상으로 한 임대용 빌딩이다.

타워는 설계 당시 시설 관리측면 등을 고려, 최대한 공간의 가변성과 충분한 설비를 위한 예비 공간을 확보하는 등 최첨단 장수명 IT 업무공간을 목표로 디자인하였다.

장방형 평면을 한 한쪽 면이 약간 돌출된 날렵한 타워와 거대한 캐노피가 있는 기단부가 있는 건축물은 주어진 환경에서 밋밋해지기 쉬운 형태에 변화를 주고자 하였다. 기단부의 거대한 캐노피는 타워와 기단부를 분절시키면서 동시에 보행자나 사무실 종사자들이 비를 피하면서 잠시 휴식을 즐길 수 있도록 한 공간적 장치로 판단된다.

투명성을 최대한 강조한 타워의 서측 면에는 세계 최대 규모인 150m×43m의 LED 화면을 채택, 타워의 야간 파사드도 고려하였다.

www.nikken.co.jp

웨라이프찬다싸 未来资产大厦　　　　　　　　　　　　　포동 신구 | 浦东新区 푸둥신취

미래에셋 타워

陆家嘴环路 166号　　KPF+ECADI(화둥건축설계연구원), 2008

미래에셋 타워는 푸둥 지역의 샹그릴라 호텔 근처에 위치한 31층에 연면적 85,700㎡ 규모의 업무용 타워로 푸른색의 유리 커튼월 외관이 인상적이다.

28층에 51,800㎡ 규모를 한 업무공간 용도의 고층부는 평면이 원형과 사각형을 중첩시켜 디자인한 모서리가 둥근 베개 모양을 한 건축물이다.

모서리가 둥근 유기적인 형상의 타워는 수직선과 함께 텍스처를 강조하기 위하여 유리 커튼월 외피와 분리된 현외 부재(舷外 浮材)인 스테인리스 스틸 봉을 사용한 디테일로 미묘한 분위기를 표출하고 있다.

3층 규모의 상업공간 기능을 한 기단부는 유기적인 곡선으로 고층부의 디자인 흐름을 연계하여 디자인하였다.

실내공간은 백색을 기조로 한 미래적인 분위기를 연출한 공간으로 일부 벽과 바닥 부분을 곡선으로 처리하거나 상부의 벽을 곡선으로 처리하는 등 유기적인 디자인의 흐름을 실내로도 연결시키고 있다.

KPF가 디자인한 상하이의 다른 빌딩들과는 달리 유기적인 흐름을 강조한 것이 특징이라고 할 수 있다.

www.kpf.com

푸둥 샹그릴라 호텔 상하이

KPF+리 & 오렌지 어소시에이츠(건축), 아담 티하니(제이드 온 36)+
빌케이 리나스 디자인(실내)+ 수퍼포테이토(나다만), 2005

富城路 33号

푸둥 샹그릴라 호텔 상하이는 푸둥 지구의 수퍼 브랜드 몰 옆에 위치한 43층, 연면적 46,000㎡ 규모의 호텔로 녹색 커튼월에 부분적으로 황색 석재로 마감한 그랜드 타워와 리버 윙이라는 두 개의 타워로 구성되어 있다.

현대적인 디자인의 두 개 타워 매스가 대비를 이루고 있는 981개의 객실로 구성된 호텔은 와이탄과 황푸 강, 그리고 푸둥 지구의 전망을 감상하기 좋은 곳에 위치하고 있다.

24m 높이의 기단부에는 수퍼포테이토 같은 세계적인 디자이너 팀이 디자인한 일식당을 비롯하여 1,700명을 수용할 수 있는 상하이 최대의 그랜드볼룸 외에 컨퍼런스 시설, 회의실, 스파와 헬스클럽, 수영장 등이 있다.

빌케이 리나스 디자인에서 디자인한 실내공간은 호화로운 분위기가 가미된 따뜻한 느낌으로, 디자인이나 건축을 전공한 사람은 신관 2층에 있는 일식당 나다만과 1층에 위치한 스시바 나다만이 수퍼포테이토가 디자인한 공간이니 식사와 함께 공간의 분위기도 즐겨보기 바란다.

또한 36층에 위치한 아담 티하니 디자인의 레스토랑 제이드 온 36은 중국 양식을 현대적으로 표현한 공간으로 입구 부분에 배치한 조명과 함께 프레임으로 구성된 조형물이나 푸른색 유리로 만든 병을 모티브로 한 거대한 오브제가 인상적이니 시간이 있으면 방문해보기 바란다.

www.kpf.com
www.bilkeyllinas.com

제이드 온 36

富城路 33号　　아담 티하니+티하니 디자인, 2005

제이드 온 36은 푸둥의 샹그릴라 호텔 36층에 위치한 463㎡ 규모의 프렌치 레스토랑이다. 공간은 두 개의 매스가 대비를 이루는 호텔 자체의 평면을 고려, 엘리베이터 홀을 중심으로 바와 레스토랑으로 구분하였다.

36층에 위치한 주옥같은 공간이라는 의미를 지닌 제이드 온 36은 중국을 현대적으로 해석하여 디자인한 레스토랑으로 아담 티하니 최초의 상하이 프로젝트다. 바는 비취의 보석함을 모티브로 디자인한 단순한 공간인데 비하여 레스토랑은 평면 자체의 구성을 활용, 입구 홀에서부터 진입부를 거쳐서 메인 공간에 이르는 과정 자체를 중국과 연결시켜 하나의 스토리처럼 구성한 것이 인상적이다.

입구 홀에는 자기의 찻잔을 프레임과 조명으로 표현한 오브제 같은 공간에서 대기하다가 와인 셀러로 구성된 길고 좁은 진입부를 거치면 레벨차가 두 개의 단으로 구성된 메인 공간이 나타난다.

메인 공간은 중국 황제의 옷을 상징하는, 종이를 접은 것 같은 부정형한 구성의 금박 패널의 천장 구조

| 포동 신구 | 浦东新区 푸둥신취

제이드 온 36

아담 티하니+티하니 디자인, 2005   富城路 33号

물이 매달려 있다. 레벨이 높은 객 공간의 흑단 패널 마감의 벽면 옆에는 거대한 향수병을 연상시키는 조명을 내장한 유리를 적층한 오브제들이 마치 비취를 상징하는 것처럼 서 있다.

찻잔을 모티브로 한 프레임, 긴 진입부의 다양한 기하학적인 패턴의 바닥, 그리고 접은 종이를 연상시키는 금박 패널과 병을 모티브로 한 유리 오브제들은 중국적인 상징성을 추상과 구상이라는 다양한 공간적인 연출로 전달하고자 하였다.

상하이의 오래된 정원인 예원의 인위적인 긴 진입부와 바닥의 다양한 패턴 등에 대한 인상들을 알게 모르게 공간에서 표현하면서 긴 공간의 수축과 팽창을 통하여 공간의 클라이맥스를 극대화시키고 있다. 일반적인 구상적인 방법만이 아닌, 구상과 추상이 교묘하게 조합을 이룬 공간은 풍부한 뉘앙스를 지니면서 색다른 느낌을 전해준다.

호텔의 상징적인 공간이기도 한 제이드 온 36은 저녁 6시부터 영업을 시작한다.

일식당 나다만 & 스시바 나다만

푸둥상거리라다주뎬 香格里拉国际饭店 | 포둥 신구 | 浦东新区 푸둥신취

富城路 33号 　수퍼포테이토, 2005

포동 신구 | 浦東新区 푸둥신취　　　푸둥상거리라다주멘 香格里拉国际饭店

일식당 나다만 & 스시바 나다만

수퍼포테이토, 2005　　富城路 33号

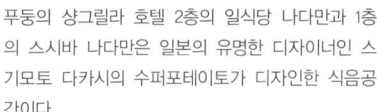

푸둥의 샹그릴라 호텔 2층의 일식당 나다만과 1층의 스시바 나다만은 일본의 유명한 디자이너인 스기모토 다카시의 수퍼포테이토가 디자인한 식음공간이다.

간사이 요리의 3대 유명점인 나다만은 초대 주인인 나다야 만스케의 이름을 따서 붙여진 일본의 다도 형식을 취한 가이세키 요리로 유명한 식당으로, 그런 전통적인 분위기에 맞게 수퍼포테이토에서 디자인하였다.

스기모토 다카시가 주장하는 디자인은 커뮤니케이션이라는 말처럼 투명한 유리를 통한 식당의 공간과 외부인들의 커뮤니케이션, 오픈 주방에 의한 요리사와 식사를 하는 손님과의 커뮤니케이션을 위한 공간으로 디자인한 나다만은 회유식의 공간과 어우러진 자연스러운 분위기로 연출된 거친 돌들과 현대적인 유리의 대비, 일본 전통 조명과 검은색 루버형의 파티션 등이 조화를 이루면서 일본의 전통적인 분위기를 현대적인 공간과 결합시켰다.

정따광창 正大广场 | 포동 신구 | 浦东新区 푸둥신취

수퍼 브랜드 몰

陆家嘴西路 168号　　더 저드 파트너십+ECADI(화둥건축설계연구원), 2002

수퍼 브랜드 몰은 상하이 최대 규모의 쇼핑, 식사, 엔터테인먼트의 기능을 갖춘 지상 10층, 지하 3층 규모에 연면적 241,000㎡ 면적을 가진 복합 쇼핑몰이다.

적색과 베이지색 사암이 스트라이프 패턴으로 마감된 고전적인 정면과 후면의 사암과 유리가 스트라이프 패턴을 한 원통형 매스의 몰은 각 면이 다양한 구성을 취하고 있다.

다양한 입면을 한 몰은 실내공간은 저드 파트너십 특유의 그랜드 캐니언에서 영감을 취한 미로 같은 계곡을 모티브로 한 공간과 장소를 만들기 위한 실내광장이 표현되어 있다.

긴 매스를 한 몰의 실내공간은 전후면에 위치한 두 개의 원형 광장을 연결하는 곡선의 통로와 보이드한 공간을 연결하는 브리지를 통하여 역동감 있는 시퀀스를 연출, 실제적인 쇼핑과 함께 공간을 거닐면서 느끼는 다양한 공간체험이 가능하도록 하였다.

전면 광장의 거대한 계단과 에스컬레이터로의 접근, 후면 광장에서 경사로를 통하여 전면 광장으로 연결되는 통로에서의 연출은 실내에서 또 다른 거리를 걷는 것 같은 공간적 체험을 느끼게 디자인하였다.

태국 자본으로 지은 쇼핑몰 답게 입구에 참배공간인 싼 프라폼이 있으며 지하 1, 2층에는 태국의 슈퍼 체인인 로터스가 입점해 있다. 5층에는 세계 각국의 음식을 맛볼 수 있는 식음공간들이 있어 쇼핑이나 관광 후에 식사를 즐길 수도 있다.

저드 파트너십은 공간에서의 프로그램도 중요시하기에 과거에는 상하이 국제영화제 같은 이벤트도 이 몰에서 개최되기도 하였다.

www.superbrandmall.com
www.ecadi.com

포동 신구 | 浦东新区 푸둥신취   정따광창 正大广场

수퍼 브랜드 몰

더 저드 파트너십+ECADI(화둥건축설계연구원), 2002   陆家嘴西路 168号

상하이청스리스파잔천례관 上海城市历史发展陈列馆 　　　　포동 신구 | 浦东新区 푸동신취

상하이 역사박물관

世纪大道 1号　　2001

상하이 역사박물관은 상하이 마천루의 상징인 동방명주탑 지하층에 위치한 박물관으로 정식 명칭은 상해성시역사발전진열관(上海城市歷史發展陳列舘)이다.

상하이 150년 영욕의 세월을 사진, 그림, 자료, 유물 등의 전시를 통해 보여주고 있는 공간으로 1984년 일반에게 공개된 소장품은 3만여 점에 달하였으며, 2001년 동방명주탑으로 이전하였다.

과거 상하이 시민들의 일상생활과 거리풍경을 그대로 재현해 놓은 전시공간은 5개 부분으로 구성되어 있다.

마을의 출현과 양식, 항구의 개방, 외국인의 정착, 상하이의 옛 자취 등의 부분으로 구성된 전시는 모형과 마네킹으로 재현한 원나라의 가마꾼과 대장간, 어물전, 찻집 등과 법정에서 재판을 받는 중국인, 아편을 피우는 모습, 서양식 주점 등 당시의 삶이 파노라마처럼 펼쳐진다. 또한 1908년의 트롤리, 20세기 초반의 자동차와 버스, 고급스러운 결혼용 가마 등이나 중국 주석들이 타고 다녔던 자동차도 볼 수 있다.

역사박물관에서는 현재의 상하이가 조성되는 과정을 정치, 경제, 문화, 사회와 상하이 사람들의 삶을 역사적으로 전개하는 방식으로 표현하였다.

포동 신구 | 浦东新区 푸둥신취　　상하이청스리스파잔천례관　上海城市历史发展陈列馆

상하이 역사박물관

2001　　世纪大道 1号

동방명주탑

世纪大道 1号　　ECADI(화동건축설계연구원), 1994

468m 높이의 동방명주탑은 상하이를 상징하는 랜드마크인 방송탑으로 중국의 미디어 회사인 동방명주그룹 소유의 건축물이다.

마치 로켓을 연상시키는 3개의 둥근 구와 이를 연결하는 기둥 형태들로 구성된 특징적인 외관 때문에 동양의 진주라고 불리는 건축물은 263m 지점에 중간 전망대, 최상부인 350m 지점에 태공선이라고 불리는 회전형 전망대가 있다.

아시아 제일, 세계에서 3번째로 높은 방송탑인 동방명주탑은 크고 작은 진주가 옥으로 만든 그릇에 떨어지는 것을 콘셉트로 디자인한 건축물로 상하이 역사박물관 같은 전시공간과 레스토랑, 상점이 있다.

가장 인상적인 전망대는 직경 45m인 9층 규모의 회전 레스토랑이 있는 중간 전망대로, 유리로 된 바닥과 머리 위쪽에서 외부의 공기가 들어와 마치 공중에 떠 있는 느낌을 느낄 수 있으며, 동시에 상하이 전경을 회전 레스토랑에서 즐길 수 있다.

텔레비전 타워의 마스트는 118m의 길이로, 탑의 조명은 컴퓨터에 의해 1,000종류 이상의 다양한 연출이 가능하다. 탑에서는 2007년에는 중국의 살아있는 지구 콘서트, 2010년에는 대한항공 스타리그 2010 시즌 2 결승전을 개최하기도 하였다.

www.opg.cn

중국은행 상하이 빌딩

니켄세케이+SIADR(상하이건축설계연구원), 2000

푸둥 지구의 업무단지를 바라보면 동방명주탑 근처에 사각형 위에 원호 매스를 한 하늘에 비상하는 로켓 형태를 연상시키는 건축물을 발견할 수 있다.

이 건축물은 1994년 국제현상공모를 통하여 니켄세케이에서 당선, 실현된 지상 53층, 지하 3층에 연면적 116,945㎡ 규모의 중국은행 상하이 빌딩이다. 빌딩은 황푸 강 측의 흐름을 고려해 모서리를 곡선으로 처리한 상업시설이 있는 저층부, 업무공간으로 구성된 사각형 평면의 중층부와 원호형 평면의 고층부로 이루어져 있다.

내부의 기능을 고려하면서 '천원지방'이라는 중국 고대의 우주관을 표현한 건축물은 저층부의 사선으로 처리된 화강석 마감의 열주 부분과 고층부의 유리 커튼월로 마감한 곡선형 부분은 단차를 두면서 연결시켜 시각적인 상승감을 고조시키면서 시공상의 문제도 고려하였다.

4층 높이의 커튼월로 마감한 기단부에는 입구 홀 부분의 외관을 곡선으로 처리, 보이드를 시켜 방문객들에게 부드러운 인상을 주면서 실내에 들어서면서 공간을 높고 넓게 느끼도록 디자인하였다.

상하이의 건축물은 야경의 연출을 외관 디자인만큼 중시하기 때문에 고층부에는 커튼 박스에 난색계 형광등을 설치하여 원호를 강조하고 중층부의 화강석 열주는 백색계의 후드 라이트로 수직성을 강조하였다.

www.nikken.co.jp

짜오인진롱다싸 交銀金融大廈　　　　　　　　　　　푸동 신구 | 浦东新区 푸동신취

보콤(Bank of Communication) 파이내셜 타워

銀城中路 188号　　ABB 아키텍텐/오버마이어+ECADI(화동건축설계연구원), 2000

보콤 파이낸셜 타워는 푸동 신취에 위치한 연면적 104,850㎡ 규모의 업무용 건축물이다.

타워는 지상 52층과 지하 4층의 북측 타워, 지상 42층과 지하 4층의 남측 타워 두 동과 5층의 기단부로 구성되어 있다. 외벽이 유리 커튼월의 유닛 패널로 구성된 H자형 평면의 타워는 두 개의 동들이 대위법적인 구성으로 매스 간의 긴장감을 형성하면서 높이 163m의 아트리움으로 연결되어 있다.

두 동은 상층부에서 서로 반대편으로 경사진 구성을 취하고 있으며, 북측 타워 48층에는 상하이의 전경을 내려다보면서 수영을 할 수 있는 수영장이 있다. 5층의 기단부에는 로비, 비즈니스 홀, 컴퓨터 센터, 3개의 레스토랑, 다양한 규모의 회의실 등이 있다.

기단부 후면에는 원통형의 매스를 배치하여 휴먼스케일에서의 랜드마크로 디자인하였다. 비례감이 뛰어나면서 상층부가 역동적인 구성의 타워는 톰 크루즈가 주연한 미션 임파서블 3편에도 등장하는 인상적인 건축물이다.

http://en.wikipedia.org/wiki/Bocom_Financial_Towers

포동 신구 | 浦东新区 푸둥신취 　　　상하이쭝궈핑안진롱다싸 上海中國平安金融大廈

상하이 중국 핑안그룹 타워

니켄세케이, 2011　　陆家嘴环路 1133号

루지아쭈이의 현대적인 마천루들 사이에 고전적인 외관 상부에 돔이 있는 38층 규모의 상하이 중국 핑안그룹 타워가 니켄세케이 설계로 2011년 완공하였다.

커튼월에 의해 현대적인 건물들만이 즐비한 마천루들 사이에 복고적인 형태의 석재로 마감한 타워는 그런 의미에서 상대적으로 차별화된다.

연한 갈색의 석재로 마감한 열주랑과 러스티케이션으로 처리된 6층 높이의 기단부나 축을 강조한 구성을 보면, 현대라는 시대보다는 신고전주의 시대에 어울릴 법한 건축물로 인지되며 금융관계 건축물이라는 특성상 고전적인 아이콘이 신뢰를 상징한다고 생각하기 때문일 것이다.

그러나 상대적으로 주변의 건물들보다 고객들에게 개방적인 분위기의 건축물로 인지되지 않는 것이 사실이다.

타워는 리카르도 보필처럼 고전주의로 포스트모던한 접근을 하더라도 좀 더 열린 공간으로 디자인하고 주변의 사람들과 지역에 열린 프로그램을 제공한다면 그 차별화된 가치를 지닐 수 있었을 것이란 생각이 드는 건축물이었다.

수공간 등이 있지만 지나가면서 감히 범접하기 힘든 건축물로 느껴졌기 때문이다.

상하이인항다싸 上海银行大厦 | 포동 신구 | 浦东新区 푸둥신취

상하이 은행 빌딩

银城中路 168号 | 단게 겐조 어소시에이츠+ECADI(화둥건축설계연구원), 2006

상하이 은행 빌딩은 지상 46층, 지하 3층에 연면적 108,000㎡ 규모를 한 고전적인 3부 구성의 건축물이다.

셋백이 되는 구성의 대칭 구도의 빌딩은 H자형 평면을 한 건축물로 최상부가 오목하게 구성된 쌍탑 형식의 외관을 하고 있다.

수직적인 매스의 구성을 중앙부의 유리 커튼월이 연결하는 구성으로 디자인하면서 대칭성을 강조, 건축물 외관이 안정감을 느끼게 한다.

실내의 코어에서는 투명한 엘리베이터로 디자인, 수직 교통기관이면서 교통 선을 시각화하고 공간 구성도 밀봉하는 적층식이 아닌 상하를 개통하는 역동적으로 흐르는 공간으로 디자인하였다.

H자형 평면에 맞게 양측에 코어를 배치한 빌딩의 기단부에는 곡선의 천창이 있는 아트리움 공간이 있으며, 경관공간이라는 개념으로 디자인한 아트리움에는 몇 개의 단이 있는 공간으로 구성하여 마치 수목이 있는 실외에서 휴식을 하는 분위기로 디자인하였다.

www.tangeweb.com

포동 신구 | 浦东新区 푸둥신취　　　　　　　루쨔쮀쓰다이진룽쭝신 陸家嘴時代金融中心

원 루지아쭈이

p.34
⑲

니켄세케이+SIADR(상하이건축설계연구원), 2008　　銀城中路 68号

원 루지아쭈이 빌딩은 세기공원 건너편에 위치한 47층 규모의 업무용 건축물로 도로면에 45도로 비스듬하게 배치, 마치 칼의 곡선을 연상시키는 유리 커튼월 마감을 한 계단 형상의 타워가 강한 인상을 부여하고 있다.

계단식 아르데코 양식의 마천루를 날렵한 형상으로 해석한 빌딩은 타워를 45도 축선상의 전, 후면으로 두 개의 볼륨으로 구성하고 있다.

공원에 면한 남측은 곡면의 날렵한 유리 커튼월의 타워, 북측은 금속 리브를 적층한 타워를 결합한 형식을 취하고 있다.

현대 중국의 역동성과 4천 년에 걸쳐 적층된 중국 역사의 상징성을 표현한 빌딩은 저층부 역시 계단 같은 점층적인 구성을 취하고 있다.

6층 높이의 저층 기단부는 텐션 케이블 글라스월로 이루어진 공간으로 입구 홀은 개구부에 의해 들어오는 빛이 45도 방향으로 리드미컬하게 반복하는 보 같은 구조체 사이로 들어와 시간에 따라 미묘하게 변한다.

www.onelujiazui.com

상하이 머천트 은행 빌딩

浦東南路 26号　　RMJM 건축사무소+티안후아(天华) 아키텍츠, 2012

루지아쭈이 금융무역지구에 위치한 상하이 머천트 은행 빌딩은 마치 한 마리의 동물이 서 있는 것을 형상화한 것 같은 지상 37층, 지하 5층에 연면적 126,000㎡ 규모의 은행 및 업무용 건축물이다.

지역의 다른 건물들이 대부분 아르데코의 영향을 직, 간접적으로 느낄 수 있는 것에 비하여 군더더기 없는 날렵한 동물을 연상시키는 빌딩은 전면의 고층 매스와 후면의 소형 매스, 그리고 두 매스를 연결시키는 연결부라는 3부분으로 구성되어 있다.

건축물은 3개의 매스 상부를 곡선으로 처리하여 날렵한 느낌을 부여하고 있으며, 황푸 강 근처에 위치한 빌딩이라 돛을 모티브로 하여 디자인하였다고 하나 실제로는 동물이 서 있는 형상을 연상하기 쉬운 건축물이다.

유동적인 곡선으로 디자인한 상부 구조는 역동적이면서 발전적인 기상을 건축물에서 암시하고 있으며, 국내의 마천루형 건축물과 달리 상하이에 많은 건축물 앞에는 사자 같이 상징성이 부여된 조형물을 설치하는 것처럼 상징성을 형상화하여 디자인하는 경향이 있다.

www.thape.com

포동 신구 | 浦东新区 푸둥신취 　　쫑롱삐유란티엔다싸 中融碧玉蓝天大厦

종롱 재스퍼 타워

그레셤, 스미스 & 파트너스, 2007　　銀城中路 8号

종롱 재스퍼 타워는 루지아쭈이 금융지구에 위치한 지상 43층, 지하 4층에 연면적 10만㎡ 규모의 업무용 건축물로 녹색 반사 유리로 마감한 날렵한 외관이 인상적이다.

벽옥(碧玉)이라는 보석을 의미하는 재스퍼가 건축물 명에 들어간 것처럼 타워는 옥이 포함된 다이아몬드라는 보석의 이미지를 모티브로 해서 디자인하였다. 각 면이 볼록한 곡선으로 이루어진 삼각형 평면을 한 대칭적인 구성의 타워는 대로에서는 측면이 보이기 때문에 다만 곡선의 날렵한 타워의 이미지로만 느껴진다.

실제적으로 옥이 포함된 다이아몬드의 이미지는 최상층의 아트리움이 있는 윈터 가든에서 잘 표현되어 있으며, 타워의 몸체는 녹색의 옥을 상징하면서 유리로 된 아트리움의 천창 구조를 다이아몬드의 결정체처럼 디자인한 것이다. 스카이 홀로 불리는 4층 높이의 윈터 가든에서는 실내의 계단식 정원과 함께 와이탄이나 푸동 등 도시의 전경을 감상할 수 있도록 디자인하였다.

미국의 건축사무소인 그레셤, 스미스 & 파트너스는 주변의 대부분 마천루들이 아르데코를 현대적으로 번안한 디자인인데 비해 새로운 접근으로 디자인한 타워를 선보이고 있다.

www.gspnet.com

상하이푸쨩수왕후이다싸 上海浦江雙輝大廈 　　　　　　포동 신구 | 浦东新区 푸동신취

상하이 푸지앙 브릴리언스 트윈 타워

銀城中路 9号　　아키텍토니카, 2010

상하이 푸지앙 브릴리언스 트윈 타워는 푸둥 신취에 조선소의 부두가 있던 역사적인 장소에 위치한 49층, 연면적 291,410㎡ 규모의 쌍둥이 빌딩이다.

CITIC 태평양 그룹과 중국건설은행은 역사적인 장소를 기념하기 위한 건축물 설계를 미국 건축사 무소인 아키텍토니카에게 의뢰하였으며, 아키텍토니카는 두 개의 게이트 같은 건축물이 부두에 대칭축으로 서 있는 유리 커튼월 마감의 쌍둥이 빌딩을 제안하였다.

마치 하나의 판형으로 된 매스 사이로 선박이 지나가면서 만들어 낸 것 같은 축을 중심으로 두 개의 건축물 안쪽이 곡선으로 처리된 빌딩은 역동적인 랜드마크 형상을 하고 있다.

그러나 이 프로젝트는 쌍둥이 빌딩만으로 구성된 것이 아닌, 후면에 22층과 19층 규모를 한 두 동의 호텔도 포함되어 있다.

두 동의 호텔 역시 별도의 광장을 중심으로 대칭으로 배치되어 있으나 마치 게이트형의 쌍둥이 빌딩을 또 다른 방식으로 변주한 것 같은 구성을 취하고 있다.

호텔은 쌍둥이 빌딩처럼 대칭적인 형태로 디자인하지 않아 고전적인 형식을 선호하지 않는 아키텍토니카의 디자인 특성을 표현하였다.

http://www.arquitectonica.com

HSBC 타워

후지타+오바야시주식회사, ECADI(화동건축설계연구원), 1998 陆家嘴环路 1000号

HSBC 타워는 루지아쭈이 금융지구에 위치한 지상 46층, 지하 4층에 연면적 116,823㎡ 규모의 건축물로 항생 은행(홍콩은행) 빌딩으로 불리고 있다.

일본의 모리 빌딩 그룹이 40년의 역사를 통하여 얻은 전문기술을 집약시킨 인텔리전트 빌딩이기도 한 HSBC 타워는 화강석으로 마감한 외벽에 수직적인 유리 커튼월로 고전적인 대칭을 강조한 3부 구성의 전형적인 포스트모던 스타일의 건축물이다.

아르데코에서 영향받은 마천루들이 다 복고적이고 절충적인 양식인 포스트모던 스타일과 연관이 있듯이, HSBC 타워 역시 어반 스케일로서의 랜드마크적인 타워와 휴먼 스케일로서의 기단부를 이원화하여 디자인하였다.

볼트형의 캐노피로 휴먼스케일적인 친근한 주출입구는 기념비적인 타워와는 달리 기단부에서는 사람들의 스케일에 어울리게 디자인하였다.

www.fujita.co.jp

신 상하이 국제 빌딩

新上海国际大厦

浦东南路 360号　B+H(브레그먼+하만) 아키텍츠, 1997

신 상하이 국제 빌딩은 푸둥난루에 위치한 지상 44층, 지하 3층에 연면적 81,000㎡ 규모의 업무용 건축물로 녹색 유리로 마감한 외관이 인상적이다.

갈색 및 회색 화강석으로 마감한 기단부에 서 있는 요철이 있는 사각형 평면을 한 타워는 최상부를 원통형 구조로 하여 중국의 전통적인 '천원지방'이란 개념을 표현하였다.

녹색의 저반사 안티 UV 더블 레이어 투명 코팅 유리로 마감한 타워는 갈색의 화강암과 보색대비를 이루어 그 존재감을 표현하고 있다. 기단부에서는 최상부의 원형 구조물과의 연계를 벽면에 원형 패턴의 도입이나 원형을 주제로 한 옥외 조형물로 표현하고 있다.

최상부의 원통형 구조물로 디자인된 관광 레스토랑에서는 루지아쭈이 지역과 황푸 강의 전경을 즐길 수 있다.

진수이 빌딩

프랭크 펭 아키텍츠, 1997　　浦东南路 379号

진수이 빌딩은 푸둥난루에 위치한 지상 28층, 지하 2층의 업무용 건축물로 6층 높이의 기단부 위에 각 면이 곡선으로 처리된 4각형 타워로 구성되어 있다.

청색 유리로 마감한 커튼월을 기하학적인 패턴의 석재 프레임으로 분할하고 네 모서리를 이용하여 수직성을 강조한 빌딩은 주변의 빌딩에 비해 소규모라는 점을 고려하여 디자인하였다.

후면의 기단부가 곡선으로 면을 처리한 타워와 다른 느낌이 드는 것을 고려, 어두운 색채의 석재로 마감하면서 기하학적인 원형의 프레임 등을 사용하여 기단부라는 것을 인지시키고 있다.

홍콩 출신의 프랭크 C. Y. 펭이 운영하는 프랭크 펭 아키텍츠는 미국의 칼리슨 아키텍처와 그랜드 게이트웨이 빌딩을 설계하는 등 상하이를 중심으로 다양한 프로젝트를 진행하고 있다.

www.fengarchitects.com

상하이짜우상쥬다싸 上海招商局大厦 | 포동 신구 | 浦东新区 푸둥신취

상하이 상인 빌딩

陆家嘴东路 161号 | 사이몬 콴 & 어소시에이츠+SIADR(상하이건축설계연구원), 1995

상하이 상인 빌딩은 루지아쭈이 금융무역지구에 위치한 지상 39층, 지하 2층에 연면적 74,642㎡ 규모의 업무용 건축물로 청녹색 유리에 수평 스트라이프 패턴을 한 외관이 인상적이다.

중앙의 원형에 네 개의 사각형을 한 모서리가 겹쳐진 것 같은 구성의 평면을 한 빌딩은 대칭성을 강조하면서 상층부에서 알루미늄 패널로 마감한 스트라이프 패턴을 한 층 걸러 은갈색과 짙은 갈색으로 마감하여 입면에 변화를 부여하고 있다.

최상층부는 원형의 평면을 약간 셋백을 시켜 만든 매스 위에 뾰죽한 콘형의 구조물을 설치하여 상승감을 고조시키고 있다.

38~39층에는 은행을 위한 클럽을 설치하여 상하이의 도시 전경을 즐기도록 하였다.

www.simonkwan.com.hk

상하이 인두 빌딩

ECADI(화동건축설계연구원)+TJADRI(통지대학건축설계연구원), 1996

루지아쭈이 금융무역지구 사거리에 위치한 상하이 인두 빌딩은 중국인민은행 상하이 지점이 있는 19층, 연면적 31,859㎡ 규모의 건축물이다.

푸른색 유리 커튼월과 적갈색 이탈리아산 화강석의 대비에 의한 대칭적인 구성을 한 고전적인 3부 구성의 빌딩은 금융지구의 마천루들과 비교하기에는 낮은 건축물이다.

3각형 평면의 기단부에 위치한 ㄱ자형 평면을 한 타워는 주출입구 부분의 열주랑과 최상층부의 수정형태를 한 유리 커튼월의 구조로 중앙인민은행을 위한 빌딩다운 위엄을 갖추고 있다.

빌딩의 규모는 크지 않으나 주변의 마천루들과 비교해서 존재감이 떨어지지 않는 건축물로 고전적인 대칭의 3부 구성, 셋백된 계단식 구성, 열주랑 등 아르데코의 도시인 상하이의 역사성을 반영하고 있다.

중국 선박 빌딩

쫑궈추안보다싸 中國船舶大厦 | 포동 신구 | 浦东新区 푸둥신취

浦东大道 1号 　 알버트 C. 마틴 & 어소시에이츠+중국선박제9설계연구원, 1996

중국 선박 빌딩은 푸둥따다오(浦东大道)에 위치한 25층에 연면적 5만㎡ 규모의 업무용 건축물로 3부 구성에 대칭적인 외관을 하고 있다.

빌딩은 전면 중앙에 대칭을 강조하는 수직적인 삼각형의 유리 커튼월과 양면의 수평적인 유리와 브라질산 화강석의 스트라이프 구성을 한 대비가 인상적인 건축물이다.

정방형 양 끝에 삼각형을 부가한 육각형 평면의 빌딩은 주어진 매스 안에서 절단이나 부가를 하여 외관에 변화를 부여하고 있다.

저층 기단부에서는 곡선형의 매스를 부가하여 방문객들에게 부드러운 인상을 부여하였으며, 최상층부에서는 입면 중앙부의 삼각형을 확장한 역동적인 이미지로 디자인하였다.

상하이 세기 금융 빌딩

폭스 & 파울 아키텍츠+ECADI(화둥건축설계연구원), 2000

상하이 세기 금융 빌딩은 푸둥따오에 위치한 지상 28층, 지하 2층에 연면적 64,596㎡ 규모의 건축물로 유리 커튼월에 금속의 루버를 부착한 외관이 인상적이다.

정면이 날렵한 곡선으로 구성된 빌딩에는 상하이 지사 공상(工商)은행의 업무공간, 은행 박물관, 다기능 컨퍼런스 센터, 리셉션 센터 등이 있다. 금속 루버를 부착한 유리 커튼월의 정면은 후면의 솔리드한 매스가 배경이 되는 건축물로 1층 부분은 유기적인 곡선의 커튼월이 금속의 열주랑과 대비되는 구성을 취하고 있다.

1층 우측 모서리부가 곡선의 유리 커튼월로 처리된 1층 실내공간에서는 거대한 펜던트형 조명 구조물을 중심으로 원형 계단이 설치되어 있다. 또한 시각적으로 아름다운 리듬감을 지닌 금속의 루버나 이중외피는 친환경적인 빌딩에서 에너지를 절약하는 장치로 사용되고 있다.

www.fxfowle.com | www.ecadi.com

상하이신시다러우 上海信息大樓　　　　　　　　　　　　포동 신구 | 浦东新区 푸동신취

상하이 인포메이션 타워

浦东 世纪大道 211号　니켄세케이+SIADR(상하이건축설계연구원), 2001

상하이 인포메이션 타워

니켄세케이+SIADR(상하이건축설계연구원), 2001

浦東 世紀大道 211号

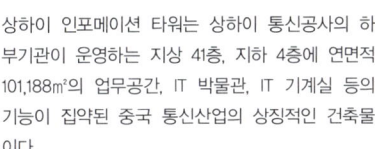

상하이 인포메이션 타워는 상하이 통신공사의 하부기관이 운영하는 지상 41층, 지하 4층에 연면적 101,188㎡의 업무공간, IT 박물관, IT 기계실 등의 기능이 집약된 중국 통신산업의 상징적인 건축물이다.

푸둥신취에 위치한 타워는 직사각형 평면을 한 현대적인 디자인의 매스에 구형의 IT 박물관이 커튼월 사이로 보이는 저층부, 수평적인 구성의 알루미늄으로 마감한 중층부, 수직적인 구성의 커튼월로 마감한 한쪽 면이 약간 셋백된 고층부로 구성되어 있다.

국제현상공모의 요구사항은 복합적인 다양한 기능들을 통합시키고 상징성을 표현하면서 개방적이고 쾌적한 공간을 만드는 것이 과제로 건축사무소에서는 어반 스케일에서는 높이 288m 높이의 통신 탑이 있는 날렵한 외관에 저층부의 커튼월 안에 비치는 구형의 IT 박물관으로 상징성을 해결하였다.

양측 코어 형식에 35m 높이의 저층부를 위한 슈퍼프레임 형식의 구조를 채용, IT 박물관을 위한 구형 구조물을 매단 공간은 우주 정거장이란 콘셉트로 디자인된 전시공간으로 체감 존, 체험 존으로 구성되어 있다.

상하이 증권거래소를 비롯한 높이 100m 이상의 초고층 빌딩들이 있는 지역에서 상징성 표현과 함께 건축물 자체를 부각시키려는 디자인적 아이디어가 배어 있는 건축물로 업무공간이나 박물관 외에도 컨퍼런스 센터와 25~26층에 위치한 레스토랑과 패스트푸드점, 연회시설들도 있다.

www.nikken.co.jp

쫑궈바오시엔다싸 中国保险大厦　　　　　　　　　　　　　　　　포동 신구 | 浦东新区 푸둥신취

중국보험 빌딩

陆家嘴东路 166号　　WZMH(웹 제레파 멘케스 하우스덴) 건축사무소+ECADI(화둥건축설계연구원), 1998

상하이 증권거래소가 있는 블록에는 2개의 원통형을 연결한 것 같은 39층의 중국보험 빌딩을 비롯하여 푸둥 발전은행 빌딩을 모두 캐나다의 WZMH(웹 제레파 멘케스 하우스덴) 건축사무소에서 설계한 건축물이 있다.

마치 한 블록 내에 위치한 3개의 건축물은 동일한 건축사무소에서 설계하였으나 각기 외형적으로 개성이 다른 모습을 취하고 있다.

개선문 형태의 증권거래소, 쌍둥이 타워를 연결한 것 같은 중국보험 빌딩, 아르데코를 현대적으로 해석한 발전은행은 언뜻 보면 다른 건축사무소에서 설계한 것 같은데, 이 건축물들을 보면서 푸둥 지구에서 외형도 하나의 경쟁을 나타내는 아이콘이라는 생각을 하게 된다.

원통형 타워에 트러스를 연결하여 구성한 것 같은 외형의 빌딩은 철근콘크리트 구조의 원통에 4층마다 철골 트러스 구조가 혼합된 형식을 취하고 있다. 2개의 부채꼴형을 연결한 것 같은 기단부는 본체를 담는 화분 같은 구성으로 원통형 첨탑에 최상부에는 나침반 위에 안테나가 설치된 것 같은 구성이다. 1층의 무주공간에는 비즈니스, 회의, 은행, 식당, 커피숍 등 다양한 기능들이 들어서 있다.

www.cibuilding.com

상하이 증권거래소

WZMH(웹 제레파 멘케스 하우스덴) 건축사무소+SIADR(상하이건축설계연구원), 1997　浦东南路 528号

푸둥신취에 있는 다양한 건축물들 중에 거대한 관문 형태를 한 지상 27층, 지하 3층에 연면적 95,000㎡ 규모의 건축물이 상하이 증권거래소다.

프랑스 파리의 개선문에서 힌트를 얻어 설계한 63m 스팬을 한 거대한 관문 형태 건축물은 원형 기단부에 상부는 커튼월에 격자와 가새 구조가 합쳐진 구조미가 인상적이다.

은색 알루미늄 합금 패널로 마감한 철골 구조의 프레임이 만들어내는 18층 높이의 개구부는 시각적인 개방감을 갖는 파인더이면서 주위 건물들 사이를 돌아다니는 사람들에게 차경적인 장치처럼 보인다.

2~9층의 증권거래 업무를 하는 공간에는 3,600㎡ 규모의 무주공간에 1,810석의 좌석과 3,000명의 거래인이 동시에 작업 가능한 첨단시설을 갖춘 증권거래소와 업무공간으로 구성된 건축물이다.

www.wzmh.com

푸둥 개발은행 빌딩

浦东南路 588号   WZMH(웹 제레파 멘케스 하우스덴) 건축사무소+ECADI(화둥건축설계연구원), 1999

푸둥 개발은행 빌딩(SPDB)은 캐나다의 건축사무소인 WZMH가 설계한 푸둥 지역의 삼각형 입지에 위치한 마천루들 중 하나로 36층에 연면적 71,000㎡ 규모의 은행, 업무공간이 입주하고 있다.

사다리꼴 평면을 한 빌딩은 계단식 아르데코를 모티브로 한 3부 구성의 건축물로 8층 높이의 기단부에 서 있다.

6층 높이의 아치형 개구부에 주출입구가 있는 고전적인 구성의 포스트모던한 건축물 최상부에는 시계탑 같은 구조물이 있다.

저층부의 외부 공간에는 야간에 빌딩을 조명하기 위한 조형구조물이 서 있는 것이 인상적이다.

황푸 강 건너편의 와이탄에 위치한 아르데코 건축의 버전 업이라고 할 수 있는 빌딩은 동서가 만나서 만들어낸 상하이라는 도시를 상징하는 것 같다.

www.wzmh.com

포동 신구 | 浦东新区 푸둥신취　　　　　　　　　　　　상하이통용치처 上海通用汽车

상하이 제너럴모터스 본사

장 마리 사르팡티에, 2004

p.35
㉞

상하이 제너럴모터스(SGM) 본사는 연면적 13,680㎡ 규모를 한 건축물로 외관에서 보이는 비행기 날개 같은 날렵한 지붕과 커튼월로 마감한 본체의 대비가 인상적이다.

기단부의 원통형 매스와 건축물 본체의 마스터바 같이 셋백된 구성, 그리고 원형으로 오픈된 날렵한 지붕 등으로 자동차를 생산하는 회사의 이미지를 표현하였다.

상하이 제너럴모터스는 1997년 제너럴모터스와 상하이 자동차산업이 만든 합작회사로 2005~2006년에 중국에서 승용차 판매 1위를 차지한 기세처럼 푸둥 지역에 신축한 본사의 사옥도 자동차의 유선형 이미지로 표현하였다. 동시에 도로를 달리는 자동차에서 사옥이 인지될 수 있게 날렵한 지붕과 기단부의 원통형 매스로 어반스케일과 휴먼스케일 관점에서 디자인하였다.

자동차의 속도감을 커튼월이나 날개 같은 지붕으로 표현하면서도 고전적인 3부 구성이라는 이중성이 내재된 건축물은 아르데코와 현대가 공존하는 도시인 상하이다운 건축적 접근처럼 느껴진다.

상하이 과학기술관

世纪大道 2000号 RTKL 인터내셔널+SIADR(상하이건축설계연구원), 2001

상하이 과학기술관은 푸둥신취 지역에 위치한 반원형 입지의 형상을 따라 서서히 상승하는 밴드 같은 형태의 구조물에 구형 구조물을 결합한 것 같은 외관을 한 지상 3층, 지하 1층 규모의 건축물이다.

과학기술관은 13개 전시관과 아이맥스 3D극장을 비롯한 4개의 과학극장으로 구성되어 있다. 거대한 매스이나 지형과 연결된 듯하면서 서서히 상승하는 구성, 그리고 선큰가든의 활용을 통하여 매스감을 완화시킨 과학관에서 가장 인상적인 것은 지름 18m 크기의 구체로 우주의 무한성과 생명의 풍부함을 상징하고 있다.

에스컬레이터 등으로 연결된 65,500㎡의 규모를 지닌 전시관은 삶의 스펙트럼, 탐험의 빛, 우주 탐

상하이 과학기술관

RTKL 인터내셔널+SIADR(상하이건축설계연구원), 2001　世紀大道 2000号

색, 디자인의 요람 등의 이름에서 알 수 있듯이 학생들의 과학 탐구 호기심을 유발하는 전시물이 주를 이룬다.

체험형의 전시가 많아 레이저가 나오는 곳을 손으로 가리면 빛에 감응하는 센서가 전기신호를 보내 음을 만드는 레이저 피아노와 우주공간에서의 무중력 현상도 체험할 수 있다.

하이테크 자동차, 공룡, 우주 등과 관련한 기획전시회 등을 열어 상하이 시민의 큰 호응을 얻고 있는 과학기술관은 연간 200만 명이 방문하고 있다.

www.sstm.org.cn

동방예술센터

동팡이수쭝신 东方艺术中心 | 포동 신구 | 浦东新区 푸둥신취

丁香路 425号　폴 앙드뢰+ECADI(화동건축설계연구원), 2004

동방예술센터는 푸둥 지구의 딩샹루에 위치한 38,900㎡ 규모의 공연장으로 프랑스 건축가 폴 앙드뢰가 설계하였다.

공연장 용도의 건축물은 크게 2,000석의 콘서트 홀과 1,054석의 오페라 극장, 330석의 소규모 연주 홀로 구성되어 있다. 상하이 시의 시화인 목련 꽃에서 모티브를 취한 공연장은 각 꽃잎 형상을 반원구로 표현한 현관 홀, 공연장, 콘서트 홀, 전시 홀, 오페라 극장과 부수적인 시설로 음악 관련 숍, 레스토랑 등이 있다.

건축물은 곡선의 외피를 유리와 투광율이 다른 금속 타공판으로 마감된 커튼월 구성으로 빛의 방향에 따라 다른 모습을 보여주고 있다. 실내의 로비 공간은 공연장 벽면에 마치 자갈처럼 만든 도자기를 타일처럼 부착, 색채를 다르게 하여 구역을 구분하도록 하였다.

콘서트 홀의 실내는 한스 샤로운의 베를린 필하모닉 홀을 번안한 것 같은 아레나형 공연장으로 디자인, 연주하는 사람들을 다양한 각도에서 볼 수 있도록 배려하였다. 4개의 교향악단과 120명의 합창단을 동시 수용할 수 있는 규모의 콘서트 홀에는 중국에서 가장 큰 파이프 오르간이 설치되어 있다.

오페라 극장은 상하 회전과 이동이 가능한 다기능 무대장치를 설치하여 다양한 오페라 공연에 대응할 수 있게 디자인하였다. 센터에서는 베를린 필하모닉 오케스트라 상하이 콘서트를 포함한 다양한 문화 및 예술행사들을 개최하였다. 바로 옆에는 같은 건축가가 2008년 설계한 동방예술센터 호텔이 위치하고 있다.

www.shoac.com.cn

푸둥 전시관

게르칸 & 막+SIADR(상하이건축설계연구원), 2005 합欢路 201号

상하이의 푸둥 전시관은 기단 같은 계단들로 구성된 인공적인 대지에 위치한 4층에 연면적 41,000㎡ 규모의 전시 등을 위주로 한 다목적 용도의 건축물이다.

상하이의 또 하나의 박물관이라고 불리는 전시관은 캔틸레버 구조로 떠 있는 듯한 유리 커튼월의 매스와 후면의 석재로 마감한 솔리드한 매스의 대비가 인상적인 건축물로 전시, 회의, 학술연구, 업무 등을 위한 다목적인 기능을 갖추고 있다.

전시관은 2만 명을 수용할 수 있는 전시와 컨퍼런스를 위한 공간, 리셉션 공간과 카페, 원형의 홀로 구성되어 있다.

정방형과 원이라는 구성에서 중국의 많은 건축물의 디자인에서 발견할 수 있는 '천원지방'의 개념이 표현된 것을 알 수 있다.

정방형 평면을 한 유리 커튼월 마감의 1층 각 면 중앙에 서 있는 검은색 석재로 마감한 코어가 상층부에서 캔틸레버 구조를 매다는 구조체 역할을 하고 있는 건축물은 독일의 건축사무소인 게르칸 & 막의 합리주의적인 디자인답게 미니멀한 기하학적인 구성을 취하고 있다.

후면의 석재로 마감한 기하학적인 구성의 동과 전면의 동 사이에는 수목이 우거진 선큰가든을 설치하여 휴식 등을 하기 위한 공간으로 조성하였다. 전시관과 인접하여 장 마리 사르방티에가 2005년에 완성한 상하이 경찰서 본부가 위치하고 있다.

www.gmp-architekten.com
www.pudongexpo.com.cn

상하이 신 국제엑스포센터

상하이신궈지보란쭝신 上海新国际博览中心

龙阳路 2345号   머피/안+SIADR(상하이건축설계연구원), 2001, 2010(증축)

날렵한 지붕이 인상적인 상하이 신 국제엑스포센터는 국제적인 전시와 교류를 위한 센터로서 전시 홀, 컨퍼런스와 비즈니스 센터, 호텔, 은행, 통신, 운송 서비스 시설 등 연면적 126,500㎡ 규모의 건축물과 100,000㎡ 옥외 전시장으로 구성되어 있다.

모든 전시 홀들은 중앙의 삼각형 광장을 중심으로 대칭으로 배치하면서 광장은 옥외 전시장의 기능을 하게 디자인하였다.

광장을 중심으로 대칭으로 배치된 전시 홀들의 유닛은 70m×185m 규모의 1층 무주식 구조에 유리섬유 막으로 덮인 지붕과 11m에서 17m 높이의 유리벽으로 디자인, 실내는 부드러운 빛으로 차 있게 하였다.

코어가 홀의 양 단에 배치된 전시 홀에는 분산방식의 공기조절 시스템을 사용하면서 외벽 12m 높이에 에어컨을 설치, 중앙에서 제어하는 송풍 조절로 냉난방을 한다.

상하이 모터쇼에서 마스터스컵 테니스 대회를 개최하기도 하였던 센터는 2010년 확장 완료시에 연면적 20만㎡의 18개 전시 홀과 3개의 입구 홀, 그리고 1개의 탑과 13만㎡의 야외 전시장으로 이루어진 장소로 변신할 것이다.

www.sniec.net
http://en.wikipedia.org/wiki/Shanghai_New_International_Expo_Center

포동 신구 | 浦东新区 푸둥신취 상하이신궈지보란쭝신 上海新国际博览中心

상하이 신 국제엑스포센터

머피/얀+SIADR(상하이건축설계연구원), 2001, 2010(증축)   龙阳路 2345号

젠다이 히말라야 센터

梅花路 1108号 이소자키 아라타 아틀리에+지양 아키텍츠(건축), KCA 인터내셔널(호텔 실내), 2010

젠다이 히말라야 센터는 푸둥신취 지역의 머피/얀이 설계한 상하이 신 국제엑스포센터 앞에 위치한 호텔, 쇼핑몰, 미술관 등 15만㎡ 규모의 복합 용도의 건축물이다.

정방형 평면을 한 두 개의 타워 사이에 유기적인 형상의 하부 구조를 한 옥상정원과 연결된 건축물은 정방형이란 합리적인 구조와 유기적인 구조의 대비를 통하여 강한 임팩트를 부여하고 있다.

건축가가 건축조각(Archisculpture)이라고 이름 붙인 지하 3층, 지상 18층의 호텔 용도의 북측 타워와 지하 3층, 지상 8층의 예술창작 동 타워를 중간의 유기적인 구조를 한 이형체(異形体) 동이 연결한 형상을 한 센터는 숲을 모티브로 하여 디자인한 건축물이다.

타워는 하부를 한자를 추상화한 루버를 부착, 상부의 유리로 된 커튼월과 대비를 이루고 있다.

건축가는 근대기의 기능적인 건축물 대신에 호텔, 쇼핑공간, 디자인과 예술이 혼재시킨 공간으로 디자인하여 시너지를 유발하고자 하였다.

박물관인 동시에 호텔이고, 쇼핑몰이면서 디자인센터인 하이브리드한 건축을 만드는 것을 목표로 디자인하였다. 이런 하이브리드한 디자인을 달성하기 위하여 건축가는 한자의 구성원리와 컴퓨터의 연산

젠다이 히말라야 센터

이소자키 아라타 아틀리에+지앙 아키텍츠(건축), KCA 인터내셔널(호텔 실내), 2010

시스템이라는 문자문화의 형성과 컴퓨터의 자동 생성방식을 결합시키고자 하였다. 즉, 개념적으로 동양의 예지와 근대과학이 만들어낸 최첨단 기술을 건축에서 융합시켜 표현하였다.

KCA 인터내셔널에서는 센터 내의 주메이라 히말라야 호텔을 디자인, 16m 높이를 한 로비에는 거대한 정자 같은 구조물을 설치하고 중국적인 분위기를 보여주는 패턴과 장식을 하여 현대와 중국의 분위기를 적절하게 조화시키고 있다.

호텔에는 또한 1,330명을 수용하는 두 개의 그랜드 볼룸이 있어 다양한 연회와 행사를 치를 수 있게 디자인하였다. 센터의 지하에는 타이쿡과 같은 잘 디자인된 태국풍의 레스토랑도 있어 실내공간을 즐기면서 식사를 할 수 있다.

www.isozaki.co.jp
www.jiangs.com.cn

푸둥 케리 센터

芳甸路 1155号 KPF+Aedas(건축), 허쉬 & 베드너(호텔 실내), 우즈 바곳 아키텍츠(쇼핑몰 실내), 2010

푸둥 케리 센터는 상하이 신 국제엑스포센터의 북서측 모서리 단지에 위치한 유리 커튼월 마감의 43층과 39층의 업무용 타워, 31층의 샹그릴라 케리 호텔 푸둥, 26층의 아파트 호텔 동들을 연결하는 4만㎡의 저층 쇼핑몰로 구성된 연면적 23만㎡ 규모의 복합공간이다.

패턴을 차별화시킨 유리 커튼월 마감의 타워들은 179m와 130m 높이의 업무용 타워, 100m 높이의 호텔과 아파트 호텔이라는 수정처럼 빛나는 3동의 타워들이 광장을 중심으로 역동적인 사선 형태의 쇼핑몰들로 연결된 구성이다.

5성급의 샹그릴라 케리 호텔 푸둥은 574 객실과 스위트, 2,230㎡의 상하이 그랜드볼룸과 1,018㎡의 푸둥 볼룸, 26개의 다목적실, 스파와 피트니스 센터, 수영장 등으로 구성되어 있다.

허쉬 & 베드너는 센터의 실내를 현대적인 분위기에 부분적으로 중국적인 요소를 가미하여 디자인하였다. 석재로 마감한 5층 높이의 기단부를 형성하는 쇼핑몰은 우즈 & 바곳 아키텍츠에서 디자인한 공간으로 역동적인 사선 형태의 외관처럼 실내공간도 역동적으로 디자인하였다. 외부공간은 수공간이나 조

푸둥 케리 센터

KPF+Aedas(건축), 허쉬 & 베드너(호텔 실내), 우즈 바곳 아키텍츠(쇼핑몰 실내), 2010

芳甸路 1155号

경과 함께 적재적소에 조형물을 설치, 공간의 느낌을 풍부하게 하면서 방문객들의 행동을 활성화시키는 휴먼스케일적인 장치로 디자인하였다.

센터는 실내보다는 외부공간이 더 섬세하게 디자인 되었으며, 시간이 있으면 외부의 수공간 등과 어우러진 조형물들을 감상하기 바란다.

www.kerryparkside.com

롱양루 자기부상열차역

龙阳路 白杨路　　ECADI(화동건축설계연구원), 2004

상하이 푸동 국제공항에 내려서 자기부상열차를 타면, 7분 20초 만에 31km를 무정차 운행하여 시내의 롱양루 역에 도착한다. 롱양루 역은 플랫폼의 길이 260m, 폭 43m의 금속으로 마감된 튜브형의 건축물로 역의 홀과 승하차 공간, 작업제어 센터, 기계실, 업무공간과 상점 등이 있다.

자기부상열차역이라는 하이테크한 상징성 표현을 목표로 디자인한 건축물은 강한 시각적인 임팩트를 부여하기 위하여 튜브의 말단부는 사선으로 절단한 것 같은 외관을 하면서 실내공간은 승객의 동선과 길 찾기를 고려하여 디자인하였다.

튜브형의 건축물의 지붕과 벽면 일부는 금속제 루버로 마감하여 실내공간에서 빛과 함께 시각적인 개방성을 부여하고 있다. 자기부상열차역은 지상의 고가 위에 위치하고 있으며 지하철역은 지하에 있어 연결통로를 통하여 이동할 수 있다.

현재 지하철 2, 7호선이 연결되어 있으며 2012년에는 11호선이 개통 예정으로 2, 7, 11호선이 환승하는 교통의 요지가 될 것이다.

www.ecadi.com

포동 신구 | 浦东新区 푸둥신취   상하이동팡티유쭝신 上海东方体育中心

상하이 오리엔탈 스포츠 센터

p.32
㊷

GMP(게르칸, 막 & 파트너스)+SIADR(상하이건축설계연구원), WES 파트너스(조경), 2011   济阳路 168号

해상의 황관이라는 별칭을 가지고 있는 상하이 오리엔탈 스포츠 센터는 18,000석의 실내 경기장, 5,000석의 실내 수영장, 5,000석의 야외 수영장, 미디어 센터로 구성된 복합 체육시설이다.

2011년 FINA 세계 수영 챔피언십 대회에 맞추어 오픈한 스포츠 센터는 34.75헥타르의 부지에 163,800㎡의 규모를 한 건축물로 수공간을 중심으로 3동의 건축물들이 분산 배치되어 있다.

스포츠 센터는 그 디자인 모티브를 물과 파도, 해변과 다리로 하여 건축물과 공원 등에 적용하였다. 물과 파도는 스포츠 센터의 전반적인 주제일 뿐만 아니라 인공 호수로 둘러싸인 단지를 통하여 직, 간접적으로 물의 파도를 모티브로 하여 역동성을 체험하게 하였으며, 다리는 각 경기장으로 연결하는 동선 등으로 표현하였다.

마치 종이를 접은 것 같은 날렵한 형상을 한, 강철 구조를 코팅 알루미늄 시트로 마감한 삼각형 구조들로 구성된 경기장들은 단지 내에 통일성과 변화를 부여하는 동시에 마치 물 위를 향해하는 요트처럼 역동적이고 경쾌한 모습으로 보이기도 한다.

기하학적인 콤팩트한 구성의 건축물을 즐겨 디자인하였던 독일의 게르칸 & 막 사무소는 최근 기하학적이지만 역동적인 구성으로도 디자인하고 있음을 알 수 있다.

www.archdaily.com/151303/shanghai-oriental-sports-center-gmp-architekten

중국-유럽 국제 비즈니스 학교

红枫路 699号   페이 콥 프리드 & 파트너스+ECADI(화동건축설계연구원), 1999, 2004

중국-유럽 국제 비즈니스 학교는 상하이의 자오통(交通) 대학이 설립한 중국 내 최초의 대학원생을 위한 MBA, EMBA 및 경영자 개발 프로그램을 위한 교육기관으로 연구 및 주거 시설로 구성되어 있다.

연면적 36,000㎡의 학교는 열린 사고를 위한 열린 공간으로 디자인, 교육에서 요구하는 커뮤니케이션, 팀워크, 조화, 협력, 상호 존중을 건축적으로 표현하였다.

학교의 건축물들은 상기한 내용들을 표현하기 위하여 단지의 중심에 도서관을 두고 수공간이 어우러진 L자형 정원을 두어 북측에 교육동, 남측에 기숙사동을 배치하였다.

통일감이 느껴지는 백색 마감의 벽에 녹청색 스트라이프 구성을 한 건축물들은 위압적이지 않은 친근한 스케일로 디자인하기 위하여 높이를 15m로 제

중국-유럽 국제 비즈니스 학교

페이 콥 프리드 & 파트너스+ECADI(화동건축설계연구원), 1999, 2004

红枫路 699号

한하고 여러 동으로 분산, 배치하면서 사이사이에 정원을 두어 마치 중국식 정원 사이를 거니는 것같이 연출하였다.

모듈에 의한 그리드 시스템과 6m 높이의 아케이드 산책로 등의 디자인 원칙을 적용한 학교는 교육의 원칙을 디자인과 연결시켰다는 점이 특징이라고 할 수 있으며, 수공간이 있는 정원이 바라다 보이는 시설들은 쾌적한 환경을 제공하고 있다.

www.pcf-p.com
www.ceibs.edu

류디동하이안귀지광창 绿地·东海岸国际广场 | 포동 신구 | 浦东新区 푸동신취

그린 이스트코스트 국제 플라자

川沙路 5558弄6号   MADA s.p.a.m, 2007

그린 이스트코스트 국제 플라자는 촨샤루(川沙路)에 위치한 연면적 14만㎡ 규모의 비즈니스 타운과 상업공간, 호텔 등이 있는 복합공간이다.

상하이 동측에 위치한 플라자는 지하철 2호선과 연결된 지역으로 쇼핑몰을 중심으로 17층의 ㄱ자형 평면을 한 하워드 존슨 호텔 촨샤 상하이가 있는 동과 13층의 업무공간과 로프트형 업무공간이 있는 쌍둥이 빌딩을 중심으로 저층의 쇼핑몰이 구성되어 있다.

13층의 쌍둥이 동들을 단지의 관문 같은 형태의 구성을 하고 있으며 호텔이 있는 17층은 큐브를 쌓아 놓은 것 같은 특이한 형태의 디자인에 의해 랜드마크로 부각되고 있다.

쇼핑몰도 부분적으로 디자인에 신경을 쓴 부분이 보이나 아직은 활성화된 지역이 아니어서 지역 상황

그린 이스트코스트 국제 플라자

MADA s.p.a.m, 2007 　川沙路 5558弄6号

에 걸맞지 않은 디자인과 시공의 미숙함은 단지의 질적인 분위기를 저하시키고 있다.

플라자를 방문한 것은 건축사무소인 MADA s.p.a.m 을 이끌고 있는 마칭윤(马清运)의 존재 때문으로, 마칭윤은 칭화 대학교에서 학사, 펜실베니아 대학에서 석사를 한 건축가로 중국 건축계에서 부각되는 건축가 중 한 사람이기 때문이다.

www.madaspam.com

- 티엔통루 역
- ③ 상하이 가든 브리지(p.106)
- 더 페닌슐라 상하이(p.104) ②
- 록번드 아트 뮤지엄(p.102) ①
- ④ 번드 27(p.107)
- 허핑 호텔 북루(p.108)
- ⑧ 중국은행 빌딩(p.114)
- ⑤
- 허핑 호텔 남루(p.110)
- ⑥⑦ 번드 18(p.112)
- 난징동루역
- ⑨ 구이린 빌딩(p.115)
- 싱리프
- ⑩ 중국 외환거래센터(p.116)
- 파이낸스 타워(p.120) ⑪ 상하이시 무역연합회 빌딩(p.117)
- 성삼위일체 교회당(p.122) ⑯ ⑫ 상하이 해관 빌딩(p.118)
- 저장 제일상업은행 빌딩(p.121) ⑮ ⑭ ⑬ 상하이 HSBC 빌딩(p.119)
- ⑰ 중국 상인연합 상하이 지점 빌딩(p.123)
- 유안팡 빌딩(p.124) ⑱ ㉑ 니신 빌딩(p.130)
- 쓰리 온 더 번드(p.126) ⑲ ⑳ 월도프 아스토리아 상하이(p.128)
- ㉒
- 아시아 빌딩(p.131) ㉖ 와이탄 기상신호탑(p.140)
- 웨스트 번드 센터 상하이(p.132) ㉓
- 상하이 예원상장(p.138) ㉔ 예원(p.134)
- 위위안 역 ㉕
- ㉗ 지우시 코퍼레이션 본사(p.141)
- 지하철 10호선
- 샤오난먼 역

外滩 와이탄

외탄지역

외탄 지역

관광객들이 상하이하면 떠올리는 지역이 푸둥과 함께 와이탄으로 상하이의 역사를 축소한 것 같은 상징적인 지역이다.

과거 황푸 강 서안의 황량한 갈대여울이었던 지역이 지금 외탄(外滩), 중국말로 와이탄이라고 불리는 1920~30년대의 아르데코 양식의 건축물들이 즐비한 지역이다.

와이탄이란 명칭의 유래는 1845년 상하이 행정관과 영국 영사가 영국 조계지역을 설정하면서 황푸탄(黃浦滩), 영어로 번드(Bund)라고 하면서다.

황푸탄은 황푸 강 서안의 모래톱이었으나 변화하면서 강변에 와이(外)를 붙여주던 습관에 따라 점차적으로 와이탄으로 불리게 되었다.

이렇게 와이탄에서는 조계 시대의 분위기를 느낄 수 있으며, 1842년 아편전쟁에서 영국에 패한 중국이 난징조약에 따라 상하이를 포함한 5개 항구를 개방하자 유럽 열강이 앞 다퉈 진출해 거주지를 건설하면서 그 역사가 시작된 것이다. 이 지역을 외국인들이 택한 것은 뱃길로 들어올 때 가장 먼저 보이는 곳이 바로 와이탄이었기 때문이다.

이렇게 20세기 초 길이 1.5km인 중산둥이루의 갈대여울이었던 곳에 대형 은행들이 모여들면서 빌딩이 들어섰으며, 들어선 다양한 건축양식을 한 석조 건축물들은 와이탄을 세계 건축박물관이라고 불리게 하였다.

와이탄의 건축물들은 서양의 복고주의 양식들이 주를 이루고 있으며 건축은 3단계로 구분할 수 있다.

1단계는 1843~1885년 사이의 유럽 저택양식의 2층 건축물, 2단계는 1885~1908년 사이의 건축물로 모두 3층 이상으로 개조하였다.

3단계는 1908~1937년 사이의 건축물로 그 당시 서양의 아르데코와 고전양식이 절충된 양식으로 와이탄의 전성기 시대의 산물이다.*

이런 건축물들과 함께 와이탄에서는 강변 맞은편의 푸둥 지역에 위치한 동방명주탑(东方明珠塔 동팡밍주타), 진마오 타워(金茂大厦 진마오따샤), 국제회의 센터(国际会议中心 궈지후이중신) 등을 보면서 즐길 수 있는 관광명소가 되었다.

인민광장(人民广场 런민광창)에서 난징루를 따라 와이탄에 이르기까지 수많은 인파로 항상 붐비는 관광명소가 되면서 와이탄의 건축물들은 현대기에 와서 내부를 개수하여 새롭게 태어나게 되었다.

유니온 빌딩은 마이클 그레이브스가 개수하여 쓰리 온 더 번드라는 상업공간으로, 맥콰리 은행은 코카이 스튜디오에 의해 번드 18이라는 명품 매장과 레스토랑 등이 있는 공간으로, 허핑 호텔 남루는 스워치 아트 피스 호텔, 상하이 클럽은 후면에 증축하여 월도프 아스토리아 호텔 상하이로 변신하였다.

또한 데이비드 치퍼필드는 과거 로얄 아시아틱 소사이어티 중국 지부를 록번드 아트 뮤지엄으로 개수하면서 주변의 건물들을 업무, 상업, 주거, 호텔로 개발하는 록번드 아트 프로젝트를 2014년 완공을 목표로 진행 중이다.

와이탄은 과거의 공간이 아니라 현재 진행형인 공간으로 미래를 향하여 발전하고 있다.

* 載松年 외 편, 上海 상하이, YBM시사, 2003, pp. 130-132 수정 인용

월도프 아스토리아 상하이

록번드 아트 뮤지엄

예원

록번드 아트 뮤지엄(RAM)

虎丘路 20号 | 조지 L. 윌슨, 데이비드 치퍼필드+장밍 건축사무소(개수), 1932, 2010(개수)

록번드 아트 뮤지엄은 1932년 영국 건축가 조지 L. 윌슨(George L. Wilson)이 설계, 완공하였던 4층 규모의 로얄 아시아틱 소사이어티(Royal Asiatic Society) 중국 지부를 데이비드 치퍼필드가 예술문화공간으로 개수한 건축물이다.

기독교 선교사가 창립한 상하이 문리학회가 1858년 아시아 로얄 소사이어티 중국 지부를 결성, 중국과 인접국들을 조사하는 작업의 일환으로 상하이의 영국 조계지에 박물관을 건축하였다.

1층은 석조 마감, 상부는 벽돌로 마감한 중국 지부의 건축물은 중국 최초의 박물관으로 외관은 중심부에 긴 아치형 창이 인상적인 서구적인 입면에 세부는 중국 전통요소를 결합하였다.

외관에서 1층의 아치형 철문 3개에는 장수를 기원하는 수(壽)라는 문자의 도안, 양측에 8각형 창, 철

구 아시아 로얄 아시아틱 소사이어티 중국 지부

록번드 아트 뮤지엄(RAM)

p.98 ①

조지 L. 윌슨, 데이비드 치퍼필드+장밍 건축사무소(개수), 1932, 2010(개수)　　虎丘路 20号

창에는 8괘의 형태를 취하는 등 중국적인 요소를 도입하였으며, 실내의 4, 5층은 2층 높이를 한 공간으로 처리하였다.

박물관은 자연과학에 관련된 전시품들을 전시하는 공간으로 인류 화석에서 곤충에 이르는 전시품들과 함께 소량의 도자기 등 중국 문물과 관련된 것을 전시하였다.

중국 최초의 박물관은 80여 년의 시간이 흐르면서 다시 록번드 아트 뮤지엄으로 부활하였다.* 홍콩의 대표적인 디자이너인 앨런 찬이 로고를 만들기도 한 아트 뮤지엄은 외부의 이미지와는 달리 백색의 미니멀한 분위기를 한 전시공간으로 구성하였다.

전시를 본 후에는 카페가 있는 옥상층 발코니의 와이탄의 전경이 보이는 장소에서 커피 한 잔을 하면서 전시에 대한 생각을 마무리할 수 있다.

록번드 아트 뮤지엄은 11개의 건물을 업무공간, 호텔, 상업, 주거공간을 개발하는 대규모 프로젝트인 록번드 아트 프로젝트의 일부다. 미국 록펠러 그룹이 개발 주체인 프로젝트는 데이비드 치퍼필드에 의해 진행 중으로 2014년에 완공 예정이다.

www.davidchipperfield.co.uk
www.rockbundartmuseum.org

* http://www.vmspace.com, 록번드 프로젝트 & 록번드 아트 뮤지엄, 2011년 11월 7일 내용 수정 인용

더 페닌슐라 상하이

中山东一路 32号　BBG(브레넌 비어 고먼) 아키텍츠(건축), PYR(피에르 이브 로숑) 디자인(실내), 차다 심비다 렁(식음공간 실내), 2009

와이탄의 과거 영국 영사관 정원 근처에 위치한 더 페닌슐라 상하이는 15층에 연면적 92,000㎡의 호텔로 주변의 건물들과의 맥락을 맞추기 위하여 아르데코적인 분위기를 현대적으로 해석하였다.

주변의 역사적 건물들이 사용한 적갈색 석재로 마감하고 셋백된 구성을 한 외형의 더 페닌슐라 상하이는 39개의 서비스 아파트와 235개의 객실, 그랜드볼룸과 회의실, 5개의 레스토랑, 바, 재즈 라운지, 스파와 실내 수영장, 헬스클럽이 있는 호텔로 옥상층의 레스토랑과 바에서 와이탄을 바라보면서 식사를 즐길 수 있다.

식음공간을 제외한 대부분 실내공간을 디자인한 프랑스 디자이너인 피에르 이브 로숑은 2개 층 높이를 가진 로비와 레스토랑, 객실 등을 디자인하면서 과거 아르데코 건축에서 사용하였던 장식과 재료를 사용, 20년대의 상하이에 와있는 것 같은 분위기를 느끼게 하였다.

마호가니와 흑단, 흑백의 대리석, 광택을 낸 크롬 등 20년대 상하이에서 사용된 재료로 마감한 실내공간은 과거의 상하이로 시간여행을 온 것 같은 분위기를 체험하게 한다.

중식당인 이롱 코트와 살롱 드 닝을 디자인한 차다 심비다 렁은 이롱 코트를 청조 시대의 상하이 대부호의 저택이라는 공간으로 설정하였다. 개실군은 보수적인 부호의 모친과 서양식 교육을 받은 딸, 그리고 부호 자신이 살고 있다는 가공의 시나리오로 디자인을 전개하여 30년대의 상하이 데코 양식과 청조 양식을 결합하였다.

외탄 지역 | 外滩 와이탄　　　상하이반다오쩌우디안 上海半島酒店　105

더 페닌슐라 상하이

p.98
②

BBG(브레넌 비어 고먼) 아키텍츠(건축), PYR(피에르 이브 로숑) 디자인(실내),
차다 심다 렁(식음공간 실내), 2009

中山东一路 32号

살롱 드 닌 역시 30년대에 살았던 마담 드 닌이라는 가공의 여성을 공간의 주인공으로 설정. 그 시대를 배경으로 한 그녀의 삶의 단편들을 공간에서 느끼게 하는 등 다양한 연출을 하였다. 더 페닌슐라 상하이의 공간에서는 아르데코와 모던, 중국이라는 디자인 어휘를 상황에 따라 다양한 방법으로 변주시키고 있다.

www.bbg-bbgm.com
www.pyr-design.com
www.peninsula.com/Shanghai

상하이 가든 브리지

하워스 어스킨, 1907

상하이 가든 브리지는 와이탄 북부의 쑤저우(苏州)천과 황푸 강이 만나는 지점에 위치한 중국 최초의 철골 교량이면서 유일하게 현존하는 근대기의 트러스 교량이기도 하다.

길이 106.7m, 차도 폭 11.2m에 양측에 3.6m 폭의 보행자 도로가 있는 교량은 상하이 근대화와 산업화의 상징이기도 하다.

과거 쑤저우 천은 교량이 없어서 배로 건넜으나 영국인 웨일즈가 교량 건축회사를 설립, 통행료를 받는 교량을 조성하였다. 그러나 사람들의 원성이 많아지자 교량 서측에 공원교(公园桥 궁위안차오)라는 목조 교량을 설치하여 무료로 건너게 하였으며, 사람들은 외백도교(外白渡桥 와이바이두차오)라고 부르게 되었다. 그 이유는 백(白)이란 글자가 무료라는 의미를 지니고 있기 때문이다.

1906년 철골 교량을 시공하여 다음 해인 1907년 완공하였으며, 그 교량이 지금의 공원교라는 의미의 상하이 가든 브리지다.

설계는 하워스 어스킨(Howarth Erskine), 시공은 영국의 클리블랜드 교량 및 엔지니어링 회사가 하였으며 〈상하이 그랜드〉나 〈마지막 사랑, 처음 사랑〉 등 상하이를 무대로 한 영화의 대부분이 교량에서 촬영을 한 것으로 유명하다.

http://en.wikipedia.org/wiki/Waibaidu_Bridge

번드 27(구 자딘 매트슨 & 컴퍼니 빌딩)

무어헤드 & 할스, 칼리슨 아키텍처(개수), 1922, 2009(개수)

中山东一路 27号

과거 영국의 무역회사였던 자딘 매트슨 & 컴퍼니는 가장 먼저 상하이에 진출한 외국 회사의 하나로 1922년 무어헤드 & 할스가 5층 규모를 한 영국 복고주의 양식의 사옥을 신축하였다.

철근 콘크리트 구조에 화강석으로 마감한 빌딩은 저층 기단부를 화강석을 거칠게 마감한 아치가 있는 구조로 디자인하면서 3~5층은 중앙부를 코린티안 양식의 열주랑처럼 처리하여 중심을 강조하였다.

후에 5층의 원래 건축물에 처마를 만들면서 단순한 구성의 2개 층을 증축, 고전적인 3부 구성의 외관으로 디자인하였다. 기단부의 화강석을 거칠게 마감하는 것은 상하이의 초기 건물들에서 유행하였던 방법이었다.

시애틀을 근거지로 활동하는 칼리슨 아키텍처는 2009년 빌딩을 스카이 레스토랑과 바와 회원 전용의 루즈벨트 하우스라는 클럽이 있는 고급스러운 상업공간으로 개수하였다.

루즈벨트의 초상도 볼 수 있는 3만 병의 포도주를 저장하고 있는 와인 저장고로 유명한 루즈벨트 하우스는 고급 레스토랑과 옥상 테라스, 개인회원을 위한 클럽으로 유명하다.

www.callison.com

허핑판디안배이러우 和平饭店北楼

허핑 호텔 북루

南京东路 20号　파머 & 터너(건축), 허쉬 & 베드너 어소시에이츠(실내), 1929, 2010

허핑 호텔 북루는 20세기 초 상하이 비즈니스와 부동산을 지배하였던 이라크계 유태인인 엘리스 빅터 사순의 의뢰로 파머 & 터너 건축사무소에서 세운 13층 규모의 사순 그룹의 사옥이었던 건축물이다.

과거 상하이에서 활약하던 각국 정치인들과 사회 인사들이 주로 머물던 역사적인 호텔은 A자형 평면을 가진 건축물로 상부에 10m 높이의 암녹색 동판의 피라미드형 지붕을 한 타워가 설치되어 있다. 당시 와이탄에서 가장 높은 랜드마크이기도 한 77m 높이를 한 아르데코 양식의 건축물은 내외부 공간에서 아르데코적인 분위기를 느낄 수 있다.

4층 이하는 상점과 사무실, 5층은 사쉰 양행의 사무실, 6~9층은 사순 그룹이 운영하는 화마오 호텔, 10층은 나이트클럽과 레스토랑, 11층은 사순 본인이 거주하는 공간으로 구성되었다. 호텔의 객실은 중, 미, 영, 프 등 9개 국가의 특색을 갖춘 실내 디자인을 하였다.*

상하이가 해방된 후에 허핑 호텔로 개명, 1956년에 난징루를 사이에 둔 후이쭝 호텔과 병합하여 허핑 호텔 북루로 바꾸었다. 2007년에 문을 닫은 호텔은 3년간 개수를 하여 페어몬트 피스 호텔 상하이로 2010년에 다시 오픈하였으며, 호텔에는 8개의 레스토랑과 라운지와 함께 269개의 객실과 스위트룸이 있다.

허핑 호텔 북루

파머 & 터너(건축), 허쉬 & 베드너 어소시에이츠(실내), 1929, 2010

南京东路 20号

호텔의 실내를 새롭게 개수한 허쉬 & 베드너 어소시에이츠는 이탈리안산 백색 대리석으로 마감한 밝은 실내공간으로 디자인하면서 최대한 아르데코의 분위기를 구현하고자 하였다.

9층에 위치한 중식당 드래곤 피닉스와 캐세이 룸에서는 테라스에서 와이탄의 아름다운 경치를 감상할 수 있게 하였으며, 8층의 허핑 홀은 목재로 마감한 댄스 플로어로 디자인, 과거 상하이의 분위기를 살리도록 하였다.

역사적인 분위기를 지닌 실내공간의 호텔에는 과거 찰리 채플린, 조지 버나드 쇼, 타고르 등이 머물기도 하였으며 30여 편의 영화의 배경이 되기도 하였다.

www.peaceshotel.com
www.hbadesign.com

* 이안 저, 혼돈 속의 질서 上海 근대도시와 건축 1845-1949, 미건사, 2003, p. 155

허핑판디안난러우 和平饭店南楼 外滩 지역 | 外滩 와이탄

허핑 호텔 남루

中山东一路 19号   월터 스콧, 주앙 만쿠 스튜디오(개수), 1906, 2010(개수)

허핑 호텔 남루는 과거 후이쭝 호텔(汇中饭店)로 불렸던 6층, 연면적 11,607㎡ 규모를 한 네오 르네상스 양식의 건축물로 당시 상하이 최초로 엘리베이터가 설치되었던 것으로 유명하다.

120개의 객실을 갖춘 호텔은 석재로 마감한 1층 기단부 위에 2층에서 5층은 적벽돌과 석재로 마감한 프레임과 수평선 안쪽을 백색 벽돌로 마감하였다. 외관의 창 상부는 삼각형 첨 아치, 반원 아치, 평 아치 등으로 다르게 디자인하여 변화를 주었다.

최상층부에는 탑을 2개 설치하였으며, 두 도로가 만나는 모서리 부를 강조하기 위하여 모서리 부 탑을 더 크게 하였다.*

1909년 반 마약 동맹을 위한 회의도 열렸던 역사적인 장소인 호텔은 2차 대전을 거치면서 1947년 중국 기업에 팔리는 등의 과정을 겪다가 1965년 허핑

허핑 호텔 남루

월터 스콧, 주앙 만쿠 스튜디오(개수), 1906, 2010(개수)   中山东一路 19号

호텔 남루가 되었다. 그 후 2010년 상하이 엑스포를 기해 세계적인 시계회사인 스와치가 패트릭 주앙과 산짓 만쿠가 설립한 주앙 만쿠 스튜디오(Jouin Manku Studio)에게 의뢰하여 스와치 아트 피스 호텔이라는 디자인 호텔로 개수, 오픈하였다.

현대적이면서 개성있는 실내공간으로 디자인한 디자인 호텔의 1층에는 스와치 매장도 있으며, 호텔은 예술가들과 협력하여 설치미술을 하는 등 다양한 프로그램도 수행하고 있다.

www.swatch-art-peace-hotel.com

＊ 이안 저, 혼돈 속의 질서 上海 근대도시와 건축 1845-1949, 미건사, 2003, p. 181 수정 인용

번드 18(구 맥콰리 은행)

黄浦区 中山东一路 18号　　파머 & 터너, 코카이 스튜디오스+TJADRI(통지건축설계연구원)(개수), 1923, 2004(개수)

번드 18(구 맥콰리 은행)

파머 & 터너, 코카이 스튜디오스+TJADRI(통지건축설계연구원)(개수), 1923, 2004(개수)

黃浦区 中山东一路 18号

번드 18은 1923년 건축된 신고전주의풍의 건축물로 영국계의 차터드 은행이 인도, 호주와 중국의 무역을 위해 맥콰리 은행(Macquarie Bank)을 설립하여 사용하다가 1955년 은행이 이전하면서 선박, 방직, 기계 등을 판매하는 회사가 입주하기도 하였다.

5층 규모에 연면적 10,256㎡의 철근콘크리트 구조의 건축물은 신고전주의풍의 3부 구성으로 거친 마감의 저층부에 매끈하게 마감된 상부, 그리고 2~4층까지 정면 중심부에 이오니아식 기둥을 설치하여 중심성을 강화하였다.

번드 18은 상하이 해방 이후 다양한 회사들의 업무공간으로 사용되다가 2002년 이탈리안 회사인 코카이 스튜디오스가 역사적인 건축물을 예술, 문화, 상업공간이 복합된 공간으로 개수, 2004년 오픈하였다. 고전적인 외관을 한 건축물의 실내로 들어가면, 1, 2층이 보이드된 천장고가 높은 백색공간에 매달린 화려한 붉은색 유리의 샹들리에가 오브제처럼 매달려 있는 인상적인 공간이 나타난다.

부르노 모이나르드가 디자인한 카르티에 매장을 비롯한 12개의 명품매장이 있는 1, 2층에서 계단이나 엘리베이터를 통해서 상층으로 올라가면, 엘리베이터나 안내 사인 등에서 붉은색을 공간의 상징적인 색채로 사용하고 있음을 알 수 있다.

3층에는 스페이스 18이라는 갤러리, 4층은 CUVVE, 6층은 프랑스 음식을 즐길 수 있는 레스토랑 미스터 & 미세스 번드, 7층은 밤 문화를 느낄 수 있는 공간인 바 루즈가 위치하고 있다. 특히 바 루즈로 진입하는 계단실 창을 반투명한 붉은색 쉬트로 마감, 태양광이 창을 통해서 들어올 때 붉게 연출된 실내공간은 상하이의 또 하나의 인상적인 풍경으로 기억에 남는다.

고전적인 외관 속에 또 다른 현대적인 공간으로 연출된 실내공간에서 느끼는 분위기 역시 번드 18의 공간 체험 포인트라고 할 수 있다.

바의 옥상 테라스에서 야간의 조명이 아름다운 황푸 강과 푸둥 지역 전경을 바라보면서 즐길 수 있는 와이탄의 명소라고 할 수 있는 이 프로젝트는 문화유산의 보전을 위한 우수한 사례로 선정되어 2006년 유네스코 아시아-태평양 문화유산 상을 수상하였다.

www.bund18.com
www.bar-rouge-shanghai.com
www.kokaistudios.com

쭝궈인항다러우 中国银行大楼　　　　　　　　　　　　외탄 지역 | 外灘 와이탄

중국은행 빌딩

中山东一路 23号　　리우치옌쇼우+파머 & 터너, 1936

중국은행 빌딩은 중국의 민족자본으로 만든 은행을 만들기 위하여 와이탄의 중산둥이루(中山东一路) 23호에 세운 지상 15층, 지하 2층에 연면적 38,309㎡ 규모의 건축물이다.

긴 장방형 평면을 한 빌딩은 15층의 철골구조의 본동과 4층의 철근콘크리트조의 부속동으로 구성되어 있다.

와이탄에 위치한 빌딩 중 유일한 중국 건축가가 설계한 빌딩이기도 한 중국은행 빌딩은 청색 유리 기와와 두공 장식 등 중국 전통 기와지붕으로 디자인한 절충적인 건축물로 중국산 화강석으로 외벽을 마감하면서 전통문양 장식도 하였다.

전통적인 기와지붕과 계단식 아르데코 양식에 영향을 받은 수직적인 구성, 정상부에 설치한 첨탑 등에서 서구의 마천루를 중국적인 것과 조화시키려는 노력이 엿보인다.

정문 위에는 원래 공자가 각국을 여행한 형상을 새긴 조각이 있었으나 후에 파괴되었으며 실내의 로비를 2, 3층까지 보이드를 시켜 넓은 공간감을 확보한 돔형 천장의 양 측면에는 원래는 팔선과해(八仙过海)의 그림이 조각되어 있었다고 한다.*

* 盧志剛 편, 米丈建築地圖:上海, 人民出版社, 2007, p. 39 수정 인용

구이린 빌딩

구이린다러우 桂林大楼

레스터, 존슨 & 모리스, 1924 | 中山东一路 17号

구이린 빌딩은 출판사였던 자림서보(子林西报 쯔린시바오)가 있던 8층, 연면적 9,043㎡ 규모의 철근콘크리트 조의 건축물이다. 당시 영자지였던 자림서보는 1850년 창간하여 과거 사옥이 있던 위치에 1924년 신 사옥을 건축한 것이 구이린 빌딩이었다.

외부를 화강석으로 마감한 르네상스 복고주의 양식을 한 빌딩은 그 당시 상하이 최초의 고층 건축물이었다.

고전적인 3부 구성의 건축물은 로마네스크 아치가 있는 거칠게 마감한 기단부로 무게감을 강조하면서 비교적 단정한 중층부, 화려한 바로크 양식의 첨탑이 있는 상층부를 대비시켜 디자인하였다.

정문의 검은 대리석으로 마감한 도리아식 기둥에 황금색 모자이크 마감의 입구 홀 천장이 있는 실내 공간은 매우 독특하며 인상적이다.

자림서보는 1951년 3월 발행이 중단되어 후에 빌딩은 내하항운국(内河海运局 네이허하이윈쥐), 중국사주공사(中国丝绸公司 중궈쓰처우궁쓰) 상하이 자회사로 사용되다가 1996년 주택치환을 통하여 미국 AIA 보험회사 상하이 지점으로 사용되면서 현재의 명칭으로 변경하였다.

중권와이훼짜우이종신 中国外汇交易中心　　　　　　　　외탄 지역 | 外滩 와이탄

중국 외환거래센터

中山东一路 15号　　베커 & 베데커, 1901

에 걸친 이오니아식 원주와 벽주가 중심을 강조하고 있으며 2층에는 아치형 창과 박공형 구조가 있는 창이 입면에 변화를 부여하고 있다.

박공 구조가 있는 주출입구를 통해 실내로 들어가면, 3층 높이로 보이드된 화려한 분위기의 실내는 백색 대리석으로 마감한 대칭적인 구성의 계단과 함께 채색된 유리 천장이 인상적이다.

센터는 철골과 철근콘크리트를 결합한 구조로 신고전적인 외관과 달리 근대적인 구조를 채용하였다.*

독일인인 베커(H. Becker)와 베데커(C. Baedeker)가 설립한 베이까오양항(倍高洋行)의 중국에서 첫 작품인 센터는 엘리베이터와 위생설비를 갖춘 건축물로 상하이에서 가장 일찍 엘리베이터를 설치한 곳 중 하나이다.

중국 외환거래센터는 중국과 러시아가 합작으로 만든 화어따오성(華俄道勝) 은행의 상하이 지점용 건축물로 3층에 연면적 5,018㎡ 규모다. 3부 구성의 신고전주의적인 외관을 한 센터는 기단부 위의 2, 3층

* 상계서, p. 171

상하이시 무역연합회 빌딩

C. H. 곤다, 1948　中山东一路 14号

과거 지아통 은행(交通銀行)이었던 상하이시 무역연합회 빌딩은 8층에 연면적 9,485㎡ 규모의 건축물로 아르데코 양식의 외관을 하고 있다.

빌딩은 설계는 1937년에 하였으나 일본의 침공과 태평양 전쟁의 발발로 1948년에 완성을 하게 된다. 홍다양항(鴻達洋行)의 건축가 곤다(C. H. Gonda)는 빌딩을 본격적인 아르데코 양식으로 설계하여 수직선을 강조한 콘크리트 구조 위에 백색 시멘트로 마감하였다.

대칭적인 6층 높이의 본체에 중심부만 8층으로 디자인된 빌딩은 해방 전 와이탄에 세워진 최후의 건축물로서 1층의 입구 부분은 검은색 대리석으로 마감하여 입구성을 강조하였다.

입구의 금속으로 디자인한 기하학적인 패턴 등에서 아르데코의 특성이 잘 나타난 빌딩은 현재 상하이시 무역연합회 빌딩으로 사용 중이다.

상하이 해관 빌딩

상하이하이관다러우　上海海关大楼

외탄 지역 | 外滩 와이탄

中山东一路 13号　　파머 & 터너, 1927

상하이 해관 빌딩은 와이탄에 세워진 8층 높이에 연면적 32,680㎡ 규모의 그리스 고전과 근대양식을 결합한 아르데코 양식의 건축물로 미국 국회의사당의 시계탑을 모방한 고딕 양식의 시계탑이 인상적이다.

과거 3층의 벽돌과 목구조의 세관이 있던 위치에 세워진 화강석 마감의 빌딩은 8층에 3층의 종탑을 합한 11층 높이의 건축물이다. 4개의 도리아식 기둥이 입구를 암시하는 기단부, 3~7층까지 간결한 수직구조의 중층부, 7층 상부의 처마와 8층 상부의 셋백한 형태의 종탑이 있는 상층부로 구성, 고전과 아르데코를 결합하였다.

황푸 강에 면한 동측은 화강석 마감의 8층, 서측은 스촨중루(四川中路)까지 연장하여 2층 이상을 붉은 벽돌로 마감한 5층 규모로 이루어졌으며 사각형의 시계탑은 당시 아시아에서 가장 큰 것이었다.*

이 빌딩을 계기로 파머 & 터너, 즉 공허양항(公和洋行) 건축사무소는 신고전적 복고주의에서 아르데코로 디자인이 변하는 전환기를 맞이하게 된다.

* 盧志剛 편, 전게서, p. 28

외탄 지역 | 外滩 와이탄

상하이휘풍인항다싸 上海汇丰银行大厦

상하이 HSBC 빌딩

파머 & 터너, 1923 中山东一路 12号

p.98
⑬

상하이 HSBC 빌딩은 과거 후이펑 은행(汇丰银行) 사옥이었던 6층, 연면적 23,415㎡ 규모를 한 철근콘크리트 구조에 일부 철골 구조를 가미한 건축물이다.

정면이 수평과 수직적인 3단 구성을 한, 화강석으로 마감된 돔이 있는 신고전적인 외관이 인상적인 빌딩은 와이탄의 랜드마크라고 할 수 있다.

장방형 평면을 한 빌딩은 정문을 통해 실내로 진입하면, 8개의 이오니아식 기둥으로 구성한 3개 층 높이의 아케이드식 로툰다가 공간의 중심축 역할을 하고 있다. 로툰다의 천장에 모자이크로 그려진 그림은 상하이, 홍콩, 런던 등 8개 도시의 지점이 있는 건물과 함께 각 화면 중앙에는 도시를 상징하는 여신을 묘사하였다.

로툰다를 지나면, 2줄로 된 이오니아식 기둥이 받치고 있는 유리로 된 천창의 볼트 구조의 아케이드로 구성된 영업장 홀이 나타난다.* 아치형 구조를 한 정문 입구 상부에는 청동 장식과 함께 2마리의 청동제 사자가 자리를 잡고 있다.

* 이안, 전게서, p. 160 수정 인용

빌딩은 현재는 상하이 푸동 발전은행으로 사용 중으로 와이탄의 아르데코 건축물들을 관광객들은 대부분 외관만을 구경하는데 외관과 함께 실내공간이 아름답다는 사실을 명심, 실내도 구경하기 바란다.

http://en.wikipedia.org/wiki/HSBC_Building,_Shanghai

싱리푸다싸 兴力浦大厦 　　　　　　　　　　　　　　　　　　　　외탄 지역 | 外滩 와이탄

싱리프 파이낸스 타워

四川中路 213号　　마이클 그레이브스 & 어소시에이츠, ECADI(화둥건축설계연구원), 2006

싱리프 파이낸스 타워는 와이탄의 스촨쭝루에 위치한 19층, 연면적 55,800㎡ 규모의 업무용 건축물로 전면의 두 모서리를 원통형으로 처리한 외관이 인상적이다.

미국의 건축가인 마이클 그레이브스는 와이탄이라는 역사가 살아 숨 쉬는 지역에 건축물을 신축하면서 포스트 모던적인 접근으로 디자인하였다.

유럽의 신합리주의에 영향받은 그의 건축은 랜드마크로서의 건축을 실현시키기 위하여 건축물의 두 모서리에 원통형을 붉은 석재로 마감하고 정면은 열주랑을 연상시키는 3부 구성의 외관으로 디자인하였다.

역사적인 건축에서 영향을 받은 마이클 그레이브스의 건축은 역사문화보존 지구에 있는 다른 역사적인 건축물보다는 형태적으로 두드러진 건축이기에 완벽하게 도시의 맥락에 순응하지 못한 느낌을 받는다.

외탄 지역 | 外灘 와이탄

저장디이상예인항다러우 浙江第一商業銀行大樓

저쟝 제일상업은행 빌딩

p.98
⑮

쩐즈, 1951　江西中路 222号

와이탄의 쟝시중루(江西中路)에 위치한 저쟝 제일상업은행 빌딩은 항쪼우(沆州)에 설립한 저쟝 은행(浙江銀行)의 상하이 지점으로 8층에 연면적 13,223㎡ 규모의 근대적인 외관을 한 건축물이다.

수평적인 띠가 있는 외관이 인상적인 빌딩은 철근콘크리트 구조의 건축물로 기단부인 1층과 중이층은 석재 마감, 기단부 위의 부분은 적벽돌로 마감하였다.

전체적으로 수평선을 강조하였으나 주출입구가 있는 부분만은 수직성을 강조하여 입구를 암시하고 있는 건축물로 1층에는 석재로 바닥을 마감한 은행 영업장이 있었다.

빌딩은 쩐즈, 쟈오션, 통쥰이라는 3명의 중국인 유학파 건축가가 설립한 화거(華盖) 건축사무소에서 1933년 설계하였으나 전쟁의 발발 등으로 1951년에 완공하였다.

상하이에서 많은 건축물을 설계한 화거 건축사무소는 절충주의에서 탈피한 근대적인 건축을 지향하는 사무소로 빌딩에서도 그런 성향이 나타나고 있다. 현재는 화둥(華東)건축설계연구원이 사무실로 사용하고 있다.*

* 盧志剛 편, 전게서, p. 58

성산이탕 죠三一堂 | 외탄 지역 | 外滩 와이탄

성삼위일체 교회당

九江路 211号   G. G. 스콧, W. 키드너, 1869

성삼위일체 교회당은 와이탄의 주장루에 위치한 2층, 연면적 2,240m² 규모의 벽돌로 마감한 건축물로 사람들은 붉은 예배당으로 불렀다.

전통적인 바실리카 양식의 라틴십자형 평면을 한 영국 고딕 양식의 교회당은 지금은 폐쇄되었지만 당시는 실외 측면에 복도가 있었다고 한다. 연속되는 아치 주랑은 3개의 단으로 구분한 신고전주의적 수법이 보이고 있으며 고딕의 특징인 포인티드 아치로 구성하였다.

교회당의 초석에는 영국에서 활동하던 조오지 길버트 스콧(Sir George Gilbert Scott)과 상하이에서 활동하던 윌리엄 키드너(William Kidner)가 보이는데 스콧이 한 설계를 키드너가 현장에서 시행한 것으로 판단된다.

1893년 고딕 양식의 원뿔형 지붕을 한 사각형 평면에 4개의 첨탑이 있는 종탑을 건축하였으나 1966년 첨탑이 훼손되었다.*

www.holytrinitychurch.org.cn

* 이안, 전게서, pp. 264-267 수정 인용

중국 상인연합 상하이 지점 빌딩

애트킨슨 & 달라스, TJADRI(통지건축설계연구원: 개수), 1901, 2003(개수)

中山东一路 9号

중국 상인연합 상하이 지점 빌딩은 과거 지창양항(旗昌洋行)으로 불렸던 3층에 연면적 3,538㎡ 규모의 건축물이다. 와이탄에 현존하는 가장 오래된 건축물이기도 한 빌딩은 양무운동을 벌였던 리홍장(李鴻章)이 건축, 중국 상인연합이 사용하도록 하였다.

르네상스 절충 양식의 외관을 한 빌딩은 벽돌과 목조 건축물로 1층은 화강석 마감의 아치 구조, 2층과 3층은 각각 터스칸과 코린티안 양식을 한 두 개의 기둥들로 구성된 쌍주 외랑식의 구조로 이루어졌다. 정면의 상부는 처마와 함께 양측에 바로크 양식의 박공으로 구성하면서 적벽돌로 마감한 인상적인 외관을 하고 있다.

애트킨슨(Brenan Atkinson) & 달라스(A. Dallas)가 설립한 통허양항(通和洋行)의 초기 작품인 빌딩은 2, 3층이 동인도 식민지 양식에 영향을 받은 외랑 구조를 한 것이 특징으로 19세기 말과 20세기 초 와이탄에 있던 건물들의 모델이라고 볼 수 있다.

중궈퉁상인항다러우 中国通商银行大楼 | 외탄 지역 | 外滩 와이탄

p.98

유안팡 빌딩

中山东一路 6号   모리슨 & 그라톤, 1897

유안팡 빌딩은 과거 중국인이 세운 최초의 은행인 중국통상은행(中国通商银行 중궈퉁상인항)을 위한 4층, 연면적 4,541㎡ 규모의 건축물로 과거 동인도 식민지 양식을 한 3층 규모의 목조와 벽돌로 지은 건축물이 있던 것을 1906년 증, 개축한 것이다.

빌딩은 영국 고딕 양식을 한 건축물로 최상부는 만사드 지붕에 박공형의 첨탑이 있는 외관이 인상적이다.

서양 종교건축에서 많이 보이는 외관을 한 빌딩의 정면 창호는 각 층마다 다르게 디자인하였다. 1층은 아치, 2층은 타원형 아치, 3층은 사각형, 4층은 포인티드 아치의 창호로 디자인하면서 각 층의 창과 창 사이 혹은 창호 안쪽에는 이오니아식 기둥으로 장

외탄 지역 | 外滩 와이탄　　중궈퉁상인항다러우 中国通商银行大楼

유안팡 빌딩

⑱

모리슨 & 그라톤, 1897　　中山东一路 6号

식하여 리듬감을 강조하였다.*

빌딩은 영국인 기술자였던 모리슨(Gabriel James Morrison)과 건축사인 그라톤(F. M. Gratton)이 설립한 건축사무소인 마리쉰양항(瑪禮遜洋行)의 대표작 중 하나로 후에 다른 건축가들이 합류하면서 메서즈 스콧 & 카터(Messrs, Scott & Carter)라는 이름으로 바뀌게 된다.

빌딩은 1956년 업무가 중국인민은행에 속하게 되면서, 창장룬촨궁쓰(长江轮船公司)가 사용하였으나 현재는 돌체 & 가바나 매장과 레스토랑이 있는 상업공간으로 사용 중이다.

* 상게서, pp.166-167

쓰리 온 더 번드-유니온 빌딩

中山东一路 3号 | 파머 & 터너, 마이클 그레이브스+TJADRI(개수), 클라우디오 실베스트린 등(매장 실내), 1916, 2004(개수)

유니온 빌딩은 와이탄의 중산둥이루에 위치한 7층, 연면적 13,760㎡ 규모의 르네상스 양식을 한 건축물로 모서리의 상부에 위치한 바로크 장식의 첨탑이 인상적이다.

빌딩은 그 정면이 이오니아 양식의 기둥과 함께 좌우로 열리는 창문이 있는 구성으로 창틀은 바로크 양식의 회전식 창으로 디자인하였다.

빌딩은 상하이 최초의 철골조 건축물로 강재는 독일의 크루프 철강공장의 제품을 사용하였다. 1916년 건축된 빌딩은 1936년 미국의 유니온 은행이 일부 재산권을 매입하면서 유니온 빌딩으로 불리게 되었으며, 그 후 1953년부터 상하이 토목건축과 디자인 연구소가 사용하였다.

1997년 싱가포르의 회사가 구매, 마이클 그레이브

쓰리 온 더 번드-유니온 빌딩

파머 & 터너, 마이클 그레이브스+TJADRI(개수), 클라우디오 실베스트린 등(매장 실내), 1916, 2004(개수)

中山东一路 3号

스에게 개수를 의뢰하여 쓰리 온 더 번드(Three on the Bund)라는 매장, 갤러리, 식음공간이 있는 상업공간으로 변모하게 되었다.

1층에는 MCM 매장과 클라우디오 실베스트리니 디자인한 조르지오 아르마니 매장, 3층은 상하이 갤러리, 4층은 프랑스의 유명 요리사인 장 조지가 운영하는 장 조지, 5층은 알란 찬이 디자인한 왐포아 클럽, 6층은 네리 & 후가 디자인한 메르카토 레스토랑, 7층은 마이클 그레이브스가 디자인한 쿠폴라 등의 식음공간이 있다. 마이클 그레이브스는 유럽

신합리주의에 영향을 받은 포스트모던 경향의 건축가답게 과감하게 3~7층 사이를 관통하는 열주랑이 있는 아트리움을 설치, 천창을 통하여 빛이 들어오는 공간으로 포인트가 되게 하였다.

각 층의 홀을 검은색 대리석 마감의 격자를 사용한 공간에 바탕을 적색과 백색으로 변화를 부여, 통일감과 함께 각 층을 색채로 인식하게 디자인하였다.

www.threeonthebund.com
www.michaelgraves.com

월도프 아스토리아 상하이

中山東一路 2号

타런트+브레이(건축), 시모다 기쿠타로(실내), 존 포트만 & 어소시에이츠(증축), 허쉬 & 베드너 (증축 실내), 1911, 2010(증축)

월도프 아스토리아 호텔 상하이는 후기 르네상스 양식을 한 상하이 클럽과 연결하여 건축한 20층에 연면적 652,971㎡ 규모의 건축물이다.

상하이 클럽은 마하이양항(馬海洋行)의 영국 건축가 타런트(H. Tarrant)가 기본 설계 후 작고하자 조수였던 브레이(A. G. Bray)가 감리, 완성하고 실내는 시모다 기쿠타로(下田 菊太郞)가 도쿄 제국호텔과 같은 분위기로 디자인한 6층, 9,280㎡ 규모의 건축물이었다.*

상하이에서 가장 오래된 철근 콘크리트조인 건축물이었던 클럽은 전형적인 영국 고전주의 양식을 취하면서 벽면 장식은 바로크 양식을 한 3부 구성으로 2~4층은 이오니아 주두를 부가, 입체감을 살렸다. 대칭적인 구조의 클럽 남북 양측 상부에는 바로크식 첨탑을 설치하고 창에 변화를 주면서 세부 장식을 정교하게 처리하여 디자인하였다.

50년대 이후 동펑 호텔로 사용되기도 하였던 클럽은 2011년에 월도프 아스토리아 호텔 상하이라는 타원형 호텔을 증축, 오픈하면서 옛 모습으로 복원하였다. 증축한 타워형 호텔은 클럽과 옥상정원을 가운데 두고 연결하면서 클럽의 백색 대리석을 사용한 역사적인 공간의 흐름을 맞추고 있다.

허쉬 & 베드너에서 디자인한 저층부의 실내공간은 거대한 타원형의 오픈부를 두고 라운지와 선큰 가든을 연결하는 등 화려하면서 역동적인 공간으로 디자인하였다.

월도프 아스토리아 상하이

타런트+브레이(건축), 시모다 기쿠타로(실내), 존 포트만 & 어소시에이츠(증축), 허쉬 & 베드너 (증축 실내), 1911, 2010(증축)

中山东一路 2号

호텔에는 로비 라운지를 비롯한 회의실, 헬스클럽과 스파 등이 있다.

디자인이나 건축을 전공하는 방문객이라면, 저층부의 시설로 사용되고 있는 클럽의 실내와 호텔의 라운지 등을 구경하면서 과거의 상하이의 정취를 느껴보기 바란다.

www.portmanusa.com
www.hbadesign.com
www.waldorfastoriashanghai.com

* zh.wikipedia.org/zh-hant/上海总会大楼

르칭다러우 日清大楼 | 외탄 지역 | 外滩 와이탄

니신 빌딩

中山东一路 5号 | 레스터, 존슨 & 모리스, 1921

니신 빌딩은 과거 상하이의 외국 기업들과 일본의 무역이 활성화되면서 일본의 해운회사였던 르칭치츄안(日淸汽船)과 유태인 합자로 세운 지상 6층, 지하 1층에 연면적 5,484㎡ 규모의 건축물로 일본 근대의 서양건축과 고전건축 어휘를 절충한 디자인이 인상적이다.

화강암으로 마감한 신고전주의적인 3부 구성을 한 빌딩은 기단부가 다른 와이탄의 건물보다 비례를 상대적으로 높게 구성하면서 장식은 비교적 단순하게 처리하였다.

외관은 다른 와이탄의 건물들과도 크게 차이가 없으나 횡선을 강조한 구성이 일본 근대의 서양건축 특징을 지니고 있다. 정면의 2개의 입구와 상층부는 장식적인 이오니아식 기둥으로 디자인하였다.*

니신 빌딩은 영국인 헨리 레스터(Henry Lester)가 존슨(G. A. Johnson)과 모리스(Morris)와 함께 설립한 건축사무소인 더허양항(德和洋行)에서 설계하였으며, 더허양항은 상하이의 대형 부동산회사도 경영하였다.

* 盧志剛 편, 전게서, p. 22

아시아 빌딩

야시야다러우 亚细亚大楼

무어헤드 & 할스, 1916, 1936(증축)

中山东一路 1号

과거 맥베인(McBain) 빌딩으로 불리던 업무용 빌딩으로 8층, 연면적 11,984㎡ 규모를 한 건축물이다.

과거 영국 상인인 제임스 호그가 헤이스 호그와 동업, 건축한 쟈오퍼양항(兆豊 洋行)의 사옥이 있던 와이탄 1호 위치에 맥베인 공사가 신축한 신고전주의에 바로크 양식을 혼합한 절충주의 양식의 빌딩으로 화강석으로 마감하였다.

사각형 평면을 한 빌딩은 정면의 기단부에는 이오니아식 기둥이 좌우에 2개씩 있는 구조에 바로크식을 한 반원형 아치형 구조가 중심을 이루고 있다.

중층부인 5층의 아치 구조와 상층부의 전면부 외랑, 양면의 타워 같은 구조라는 대비를 통하여 중심성을 강조하고 있다.

무어헤드(Robert Bradshaw Moorhead)와 할스(Sidney Joseph Halse)가 설립한 마하이양항이 설계한 빌딩은 1939년 1개 층을 증축하였다. 1917년 아시아 석유회사가 매입, 아시아 빌딩으로 불린 빌딩은 1996년 중국 태평양보험회사의 본사가 되었다.

상하이와이쭝신웨스팅다판디안 上海外中心威斯汀大店　　　　　　　　외탄 지역 | 外灘 와이탄

웨스틴 번드 센터 상하이

河南中路 88号　　존 포트만 & 어소시에이츠, 허쉬 & 베드너(실내), 2002

푸둥에서 와이탄을 바라보면, 최상층부에 연꽃이 활짝 피어있는 것 같은 형상의 건축물을 보게 되는데, 그것이 바로 웨스틴 번드 센터 상하이다. 저층의 기단부 위에 세워진 센터는 연면적 190,000㎡ 규모의 건축물로 50층, 연면적 81,000㎡의 업무용 빌딩과 26층의 호텔과 집합주택 2동으로 구성되어 있다.

연꽃은 전통적으로 중국에서는 성장과 번영을 상징으로 과거의 영화를 간직한 와이탄에 위치한 건축물에 그런 상징성이 부여된다는 것은 암시적인 의미도 있다고 생각한다.

외탄 지역 | 外滩 와이탄   상하이와이쫑신웨스팅다판디안 上海外中心威斯汀大店

웨스틴 번드 센터 상하이

존 포트만 & 어소시에이츠, 허쉬 & 베드너(실내), 2002   河南中路 88号

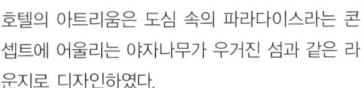

호텔의 아트리움은 도심 속의 파라다이스라는 콘셉트에 어울리는 야자나무가 우거진 섬과 같은 라운지로 디자인하였다.

보이드를 시킨 아트리움에 인조 야자나무들을 설치하여 도심 속의 이상향적인 자연을 모티브로 연출하면서 보이드와 연결된 바닥이 유리로 처리된 곡선형 계단을 설치하여 공간에서 오브제가 되도록 하였다. 또한 조명이 매입된 광 천장과 바닥을 설치하여 공간에 역동적인 방향성을 부여하면서 장식적인 요소가 되도록 하였다.

중국적인 요소를 가미한 상하이의 다른 호텔과 달리 실내디자인은 전체적으로 쾌적하면서 안락한 분위기에 현대적인 것을 가미한 디자인으로 외관의 이미지와는 다른 분위기를 선사한다.

야간에 최상층부가 조명으로 부각되는 센터 역시 상하이를 상징하는 또 하나의 건축물이라고 할 수 있다.

www.hbadesign.com

예원

安仁街 137号   장난양, 1577, 1956(보수)

상하이에 유일하게 명·청대의 정원 양식을 볼 수 있는 예원은 400년 전에 만들어진 중국의 전통 남방식 정원으로 구시가인 라오청황먀오의 동북쪽에 위치하고 있다.

다른 도심의 정원처럼 많이 훼손되었지만 전통 남방식 정원 특성의 흔적들은 곳곳에 남아 있으나 하나의 기준에 의해서 관리한 것이 아니어서 뚜렷한 성격을 발견하기 어려운 대신에 다양함을 즐길 수 있는 곳이다.

1559년에서 1577년까지 18년 동안 조성된 20km² 규모의 정원은 특징에 따라 담장으로 구획되어 있다. 예원은 명나라 때 쓰촨(四川)의 포정사(布政使)를 지낸 반윤단(潘允端 판윤돤)이 노쇠한 아버지의 말년을 즐겁고 편안하게 해드린다고 조성한 정원이다.

예원이란 정원 이름의 위(豫)에는 평안하다는 의미로 반윤단은 아버지가 노년을 즐겁게 지내라는 예열노친(豫悅老親)의 의미로 그렇게 붙인 것이었다.

예원은 중국 동남에서 가장 빼어난 정원으로 꼽힐 만큼 중국에서도 알려진 정원으로 호심정(湖心停), 삼수당(三穗堂), 점춘당(点春堂), 향설당(香雪堂), 계화

| 외탄 지역 | 外滩 와이탄 | | 위위안 豫园 | **135** |

예원

p.98
㉔

장난양, 1577, 1956(보수) | 安仁街 137号

예원

安仁街 137호 | 장난양, 1577, 1956(보수)

청(桂花廳), 득월루(得月樓), 앙산당(仰山堂) 등 40여 개의 정자와 누각, 연못, 인공 동산인 다자산(大假山) 등으로 이루어져 있다.

용을 새긴 담벼락을 따라 크게 7개의 구역으로 나누어진 정원은 담장 곳곳에 창을 내고 거울을 설치, 정원 전체를 더 넓게 보이도록 만든 것이 특징이다.

정원의 모든 건축물은 처마를 위로 말아 올린 명·청대 중국 남부의 건축 양식으로 정원 입구의 호심정(湖心亭)에서는 연못을 바라보며 중국 전통차를 마실 수 있다.

예원은 1601년 반윤단이 죽고 집안이 몰락하면서 다른 사람의 손으로 넘어간 후에 중국 근대사의 소용돌이 속에서 여러 차례 파괴되는 아픔을 겪었다. 청나라 때인 1760년 지역 유지들이 돈을 모아 쇠락한 누각을 중건하고 인공 돌산인 석가산을 증축, 지금 정원의 모습은 당시 완성한 것이다.

그 후 아편전쟁과 태평천국의 난 등을 거치며 많은 누각과 건물이 파괴된 것을 1956년 대대적으

예원

장난양, 1577, 1956(보수)   安仁街 137号

로 보수, 1961년부터 일반에 공개하였다. 예원을 다니다 보면, 사람들의 눈에는 정원이 너무 복잡하고 다양하다는 느낌 외에는 공간적으로 이해를 못할 수가 있다.

당시 정원은 자연을 축소한 이상향으로 생각하였으며, 정원은 자연의 풍경으로 이루어진 이상향을 완급을 조절하여 둘러보도록 디자인한 회유식의 정원이다. 즉, 공간의 수축과 팽창을 즐길 수 있는 회유하는 동선을 만들면서 곳곳에 좋은 관망점이 되는 곳을 다양한 방법으로 만드는 것이다.

꺾인 통로들은 의도적인 회유를 위한 공간적인 장치이며, 그렇게 회유하면서 다양한 개구부를 통하여 차경을 즐기도록 디자인하였다. 특히 인상적인 것은 차경을 위한 창이나 문의 디자인이 전부 다르다는 점은 놀라울 따름이다.

또한 공간을 의도적으로 깊게 느끼게 하는 켜를 만드는 점도 인상적으로 소쇄원 같은 우리의 전통정원과는 달리 자연을 표현하나 인공적인 요소가 많이 개입되어 있음을 알 수 있다.

예원은 상하이를 찾는 관광객들이 반드시 들르는 3대 명소 중 하나로 상하이에서 전통 정원의 분위기를 느끼면서 체험하고자 하는 사람은 반드시 들려야 할 장소로서 중국의 전통 공간을 이해할 수 있는 척도이기도 하다.

zh.wikipedia.org/zh/豫园
www.nettvl.com/ltem/2367.aspx

상하이 예원상장

方浜中路 269号　　ECADI(화둥건축설계연구원), 1997

상하이 예원상장

ECADI(화동건축설계연구원), 1997 — 方浜中路 269号

상하이 예원상장은 전통 정원인 예원 주변에 있는 400개의 매장으로 이루어진 가장 오래된 상설 시장이자 최초의 번화가다.

청나라 시대의 성황묘(城隍庙 청황먀오) 인근에서 펼쳐지던 시장에서 출발한 것으로 오늘날 전통적인 명, 청시대풍의 건축물을 연상시키는 예원상장의 거리는 1994년부터 3년간의 공사기간을 통하여 현대적인 상점가로 탄생하였다.

상점가는 명, 청시대의 건축물을 모방해서 디자인하면서 시가지를 유기적으로 결합한 것과 함께 정기적으로 열리는 민간 예술공연 같은 프로그램을 즐길 수 있는 것이 특징이다.

이렇게 식당, 위락시설과 전통 공예품인 인장, 도자기, 서화, 귀금속 등 전통미를 느낄 수 있는 제품들을 판매하는 공간들로 구성된 상장은 백화점 같으면서도 재래시장 같은 분위기를 지닌 쇼핑가다.

예원상장에 위치한 유명한 식당은 모든 여행자들이 들리는 전통 만두인 샤오룽바오쯔 전문점인 남상만두점(南翔馒头店 난샹만터우뎬), 빌 클린턴 대통령 등이 식사를 했다는 고급 상하이 식당인 녹파랑주루(绿波廊酒楼 뤼보랑쥐러우), 루쉰의 동명 소설인 공을기(孔乙己)에서 묘사한 서민식당을 그대로 재현한 저렴한 식당 공을기주가(孔乙己酒家 쿵이지주자), 예원을 바라보면서 차를 마실 수 있는 역사적인 건축물을 찻집으로 개조한 전통 찻집 호심정(湖心亭 후신팅) 등이 있으니 시간이 있다면 상하이의 식문화를 즐기기 바란다.

http://yugarden.blemali.com

와이탄치상신하오타 外滩气象信号塔 외탄 지역 | 外滩 와이탄

와이탄 기상신호탑

延安乐路 外滩   아토, 1907

상하이는 태풍이 잦은 지역이라 황푸 강을 운항하는 선박들이 자주 손해를 입어 1884년 해관에서 출자, 와이탄에 목조의 기상신호탑을 건축하였다.

그러나 목조의 신호탑은 구조가 빈약하여 1907년 스페인 건축가인 아토(Atto)의 설계로 50m 높이의 영구적으로 사용할 수 있는 원형의 기상신호탑을 건축하였다.

1927년 마치 선박을 연상시키는 스트라이프 패턴을 한 벽돌 마감의 기단부를 조성, 위에 36.8m의 원형 탑을 설치하고 풍향계와 각종 신호기를 달 수 있는 마스트를 세워 깃발의 신호로 기선의 위치를 알렸다.

1953년 와이탄 기상신호방송국 용도의 사용을 중지하면서 수상경찰서로 용도를 변경하였으며 1995년에는 현재 위치로 이축하여 와이탄 역사박물관이 되었다. 현재는 탑의 기단부를 카페로 개수, 역사적인 건축물을 사람들이 사용하면서 새로운 항해를 계속하고 있다.

장식적인 문이나 철제 난간, 벽돌로 마감한 스트라이프 패턴 등에서 보이는 역사적인 분위기와 장인적인 디테일을 보면서 잠시 탑이 건축되었던 100여 년 전으로 거슬러 올라가보는 시간여행을 카페에서 커피를 한 잔 마시면서 해보기 바란다.

외탄 지역 | 外滩 와이탄

지우시 코퍼레이션 본사

노먼 포스터+ECADI(화둥건축설계연구원), 2000   中山南路 28号

지우시 코퍼레이션 본사는 황푸 강이 바라다 보이는 와이탄 남측 지역에 위치한 40층, 연면적 62,000㎡ 규모의 건축물로 커튼월로 마감한 곡선형의 날렵한 외관이 인상적이다.

입지에 면한 곡선 도로를 고려, 디자인한 곡선형의 타워는 실내에서 강 측으로의 전망을 최대한 확보하였다. 곡선형의 정면과는 달리 후면에는 6층 높이를 한 긴 매스의 저층부가 기단처럼 배치되었다.

상업공간인 6층의 후면 블록은 저층부에 열주랑을 설치하여 거리와 사람들의 모임을 활성화하는 촉진제가 되도록 하였다. 타워부는 15~17층, 26~28층, 36~40층 3개소에 공중정원을 설치하여 쾌적한 오픈 공간의 기능을 하도록 디자인하고, 야간에는 보이드 부분이 조명에 의해 입면에 변화를 부여하도록 하였다.

또한 타워의 외피는 환기가 가능한 3중 커튼월로 디자인, 에너지 절약 등 친환경적인 디자인을 구현하였다.

노먼 포스터가 중국에 디자인한 최초의 건축물인 지우시 코퍼레이션 본사는 외형은 단순한 것처럼 보이나 실내의 공중정원이나 친환경적인 디자인을 통하여 그의 디자인적인 역량을 보여주고 있다.

www.fosterandpartners.com
www.jiushi.com.cn

디 워터하우스 호텔

The Waterhouse at South Bund

毛家園路1-3号 | 네리 & 후 디자인연구소(NHDRO)

지하철 샤오난먼(小南门) 역에서 황푸 강이 바라보이는 사우스 번드 쪽으로 10분 정도 가면, 길가에 버려진 것 같은 4층 규모의 건축물을 발견할 수 있다.

모서리가 곡선으로 처리된 건축물의 녹슨 철문은 굳게 닫혀 있고, 허름한 콘크리트 매스와 상부의 녹슨 코르텐 강으로 마감한 곡선 매스의 대비, 그리고 코르텐 강과 대비되는 큰 유리창이 있는 인상적인 풍경에서 아마 영업을 하다가 문을 닫은 건물처럼 보일지 모른다. 이런 설명이 필자가 워터하우스를 본 첫 인상이었다. 그러나 굳게 닫힌 것 같은 녹슨 철문을 열면, 부티크 호텔이라는 새로운 세계가 전개된다.

워터하우스 호텔은 과거 1930년대 일본군의 사령부였던 3층 규모의 건축물을 개수 및 증축, 19개의 객실이 있는 부티크 호텔로 오픈하였다. 설계를 한 건축가 팀은 디자인 콘셉트를 대비와 경계를 모호하

외탄 지역 | 外滩 와이탄 The Waterhouse at South Bund

디 워터하우스 호텔

네리 & 후 디자인연구소(NHDRO)　毛家园路1-3号

게 하는 것으로 설정하였다.

기존의 콘크리트 건물에 대비되는 코르텐 강 매스, 그리고 코르텐 강과 강의 풍경을 바라볼 수 있는 커다란 유리창의 대비, 외부의 허름한 느낌과 백색으로 마감한 중정의 정갈한 느낌을 대비시켰다. 마치 공사를 하다가 만 것 같은 거친 상태로 의도적으로 부분 부분을 방치함으로써 현대라는 시대의 상하이 속에 30년대의 황푸 강의 작업부두의 느낌이 녹아든 것 같은 공간을 만들어내고 있다.

문을 열고 프론트 데스크가 있는 로비로 들어가면, 미완성인 것 같은 거친 공간에 매달린 샹들리에가 영업 중임을 알리고 있는 동시에 철문을 통하여 현대에서 과거와 현대가 혼합된 미묘한 공간으로 진입하였음을 알게 된다.

외부와 내부의 경계 모호하기는 중정에서 객실 내부를 볼 수 있다든가 객실에서 리셉션 공간을 볼 수 있게 하는 등 새로운 공간 체험을 하게 한다.

디자이너는 여행이란 새로운 시간과 공간의 체험이라고 이 호텔에서 이야기하고 있는 것 같다. 특히 디자인을 하는 사람이라면 그 체험을 즐겨야 한다는..!!

www.waterhouseshanghai.com

따스제 역
지하철 8호선

하이 박물관(p.148)

人民广场 런민광창

인민광장 주변 지역

인민광장 주변 지역

중국어로 런민광창이라 불리는 인민광장은 상하이 중심지에 위치한 광장이면서 정치, 경제, 문화, 관광, 교통의 중심이기도 하다.

와이탄과 남경로와 함께 황푸 구의 한 부분인 인민광장은 지금은 상하이에 관광을 온 사람들이 관광을 시작하는 기점과 같은 곳이나 와이탄처럼 과거 중국의 근, 현대사의 굴곡이 드리워진 장소이기도 하다.

아편전쟁에서 승리한 영국은 1840년 난징 조약을 통해 상하이를 조차(租借)하면서 자국민들의 오락을 위해 경마장을 건설하였으며, 1941년 태평양전쟁 발발 후에는 일본군의 막사로, 1945년 항일전쟁에서 중국을 도운 미군들이 진주하면서 1951년 다시 경마장 재개를 발표하면서 인민광장이 되었다.*

과거 경마장의 북반부는 인민공원, 남반부는 인민광장이 된 지역은 1990년 초 대규모 재건축이 진행되어 정치, 경제, 문화, 관광, 교통, 상업이 일체된 지금의 광장 모습을 갖추게 되었다.

총면적 14만㎡ 규모인 광장 양 옆으로 녹화면적이 8만㎡에 이르는 지역과 그 주변에는 문화예술과 관련된 건축물뿐만 아니라 정치, 상업, 업무와 관련된 다양한 건축물들이 있다.

광장 북측에는 상하이 인민 빌딩, 서북측에 공연문화의 중심인 상하이 대극원, 남측에 광장의 상징적인 중심 건축물인 상하이 박물관, 동북측에 상하이의 도시 구조와 역사를 알 수 있는 상하이 도시계획 전시관이 위치하고 있다.

광장 주변과 남경로에는 2, 30년대의 역사적인 건축물들이 있어 과거의 역사적인 흐름과 흔적을 알 수 있다.

광장 주변에는 엘리옷 하자드의 패시픽 호텔과 상하이 스포츠클럽, 라디슬라우스 휴덱의 국제 호텔과 상하이 무어 기념교회가 있다.

남경로를 따라서는 레스터, 존슨 & 모리슨의 상하이 패션 스토어 & 동아시아 호텔, 파머와 터너의 용안 백화점, 관송승과 쥬빈의 상하이시 제일백화점 등이 있어 과거 이 지역의 번영을 말해주고 있다.

최근에 인민광장 주변이 활성화되고 있는 증거는 2000년대 이후에 건축된 외국 건축가들이 설계한 고층 빌딩으로도 알 수 있다.

존 포트만의 투모로 스퀘어를 비롯하여 HLW 인터내셔널의 시로스 플라자, HPA 디자인의 하이퉁 증권 빌딩, 잉겐호펜 아키텍츠의 상하이 시마오 국제 플라자, 단게 겐조 어소시에이츠의 헨더슨 메트로폴리탄 빌딩으로 이어지고 있다.

인민광장과 와이탄을 연결하는 보행자 전용도로인 남경로는 1999년 장 마리 샤르팡티에에 의해 디자인, 정비되어 지금은 관광객들과 상하이 시민들에 의해 활성화되고 있다.

* baike.baidu.com/view/6974.htm 수정 인용

상하이보우관 上海博物馆 | 인민광장 주변 지역 | 人民广场 런민광창

상하이 박물관

人民大道 201号　　SIADR(상하이건축설계연구원), 1996

인민광장 주변 지역 | 人民广场 런민광창   상하이보우관 上海博物馆

상하이 박물관

p.145
①

SIADR(상하이건축설계연구원), 1996   人民大道 201号

인민광장 내에 위치한 상하이 박물관은 지상 5층, 지하 2층에 연면적 39,200㎡ 규모의 고대 예술박물관 기능을 한 건축물이다.

중국 고대의 청동기 솥을 모티브로 디자인하면서 하늘은 둥글고 땅은 네모라는 중국 전통의 천원지방(天圓地方) 사상과도 연결시킨 독특한 외관을 한 건축물로 중국의 전통문화와 시대정신을 융합, 형상화하였다.

중국 최대급의 예술박물관답게 건축물 중앙부를 사각형으로 보이드를 시킨 공간들을 조닝한 전시공간에는 서화, 조소, 도자기, 화폐, 청동 제품, 소수민족 공예 등 중국 전통예술과 관련된 12만 3천여 점의 유물들을 11개 전문관과 3개의 전시 홀에 나누어 전시하고 있다.

3개의 전시 홀에서는 부정기적으로 국내외의 박물관들에서 임대한 각종 예술품들로 기획 전시를 하고 있다.

1층에는 고대 청동기와 고대 조소관, 2층에는 중국 고대 도자관, 3층에는 중국 역대 회화관과 서예관, 옥새관이 4층에는 중국 고대 옥기관(玉器館), 명청 가구관이 있다.

특히 명청 가구관은 5개 부분으로 나누어 명, 청의 가구 100여 점을 전시하고 있다. 박물관은 특히 청동기 그릇들의 전시로 유명한 중국 고대 청동관이 유명하기에 정(鼎)이란 세발 달린 솥을 외관의 모티브로 디자인하였다고 한다.

예술이나 문화 관련한 건축물뿐만 아니라 일반적인 건축물에도 구체적인 상징성을 부여하는 것에 집착하는 점이 중국과 한국 현대건축과의 차이점이라고 생각한다. 추상적으로 디자인하려는 서구적인 관점으로 보면, 어설퍼 보이나 중국인들은 그런 측면을 자신들의 장점이라고 판단하는 것 같다.

museum.eastday.com

150 상하이청스꾸이화잔스관 上海城市规划展示管　　　　인민광장 주변 지역 | 人民广场 런민광창

p.144
②
상하이 도시계획 전시관

人民大道 100号　　ECADI(화동건축설계연구원), 1999

상하이 도시계획 전시관은 인민광장 동측에 위치한 전시관 용도의 지상 5층, 지하 2층 규모의 건축물로 상하이의 시화(市花)인 하얀 목련 형상을 추상화시켜 디자인한 돌출된 지붕의 외관이 인상적이다.

상하이를 이해하기 위해서는 이곳에서 시작한다는 캐치프레이즈처럼 도시·사람·환경·발전을 주제로 상하이의 과거, 현재, 미래를 볼 수 있는 전시공간은 인민 빌딩을 가운데 두고 거대한 곡선형 지붕의 상하이 대극장과 대칭으로 배치되어 있다.

주제별로 전시를 하고 있는 전시관은 1층은 상하이의 아침관으로 동방명주탑과 APEC 회의센터 등 상하이를 대표하는 건축물들, 2층은 흑백 사진을 통해 상하이의 과거, 3층은 마스터플랜 제1홀로 상하이 시내 모습을 한눈에 볼 수 있는 실제에 가까운 축소 모형물들로 전시한 디오라마 전시실, 4층은 마스터플랜 제2홀로 상하이의 미래발전 부문 전시, 5층은 인민광장 주변의 전망을 즐길 수 있는 휴식공간으로 구성되어 있다.

기획전시실에서는 과거 존 포트만이나 이소자키 아라타 등 중국과 관련하여 건축활동을 활발하게 하는 건축가들과 관련한 전시도 하였다.

상하이 인민 빌딩

SIADR(상하이건축설계연구원), 1995 人民大道 200号

인민광장에 면해 위치한 상하이 인민 빌딩은 19층 높이의 관공서 기능을 한 건축물로 열주랑이 있는 기단부에 위치한 대칭적인 외관을 하고 있다.

전체적으로 단정하면서 명쾌한 구성의 건축물은 4층 규모의 화강석으로 마감한 기단부에 9m 높이의 10개 기둥들과 후면의 열주랑으로 고전적인 성향을 표현하고 있으며, 열주랑의 주두 상부에는 상하이의 시화(市花)인 하얀 목련을 모티브로 한 부조로 장식하였다.*

빌딩의 본체는 백색의 인조석 마감에 청회색의 커튼월로 처리한 명쾌한 구성을 취하고 있다. 1995년 상하이 시의 기관이 와이탄으로 이전한 후, 이 건축물은 1997년 인민 빌딩으로 명명되었다.

* 盧志剛 편, 米丈建築地圖:上海, 人民出版社, 2007, p. 93

상하이 미술관

남京西路 325号

스펜스 로빈슨 & 파트너스, 상하이현대건축설계집단(개수 및 증축), 리우동 + 차이나 유니온(케이슬린스 5 실내), 1933, 2000(개수 및 증축)

상하이 미술관은 1904년 상하이에 설립한 스펜스 로빈슨 & 파트너스(Spence Robinson & Partners)가 1933년 완공한 영국 신고전주의 건물을 미술관으로 개수한 17,326㎡ 규모의 건축물로 과거 상하이 경마장의 일부이었다.

현재의 미술관은 1986년 원래 위치에 기존 이미지를 그대로 살리면서 증축하였다. 8층 규모의 시계탑을 제외하고 지상 4층, 지하 1층인 미술관은 12개의 전시관에 8,000여 작품을 소장하고 있다.

1~3층은 전시관, 4층은 미술 관련 잡지들을 볼 수 있는 도서관, 5층은 케이슬린스 5라는 뉴욕풍의 레스토랑으로 구성되어 있다.

미술관의 전시관은 상설전시관과 특별전시관으로 구분되어 있으며, 특별전시관은 한 달에 한 번꼴로 전시품을 교체 전시한다.

미술관에는 전시공간 외에 강연과 회의, 화서전, 미술재료 창고, 공예 등의 기능을 위한 실들이 있다. 전시작품들 중에서 주목해야 할 것은 전통 수묵담채화와 수묵채색화로 서양적인 기법과 중국적인 표현을 한 작품들이다.

미술관은 2년마다 개최되는 상하이 비엔날레의 주 무대로서도 유명하다. 그리고 디자인을 하는 사람이라면, 미술관 5층에 위치한 리우동과 차이나 유니온이 디자인한 케이슬린스 5라는 현대적인 실내공간에서 커피 한 잔을 즐기기를 권한다.

www.sh-artmuseum.org.cn

상하이 미술관

스펜스 로빈슨 & 파트너스, 상하이현대건축설계집단(개수 및 증축), 리우동+
차이나 유니온(케이슬린스 5 실내), 1933, 2000(개수 및 증축)

南京西路 325号

밍톈광창 明天广场 | 인민광장 주변 지역 | 人民广场 런민광창

투모로 스퀘어

南京西路 399号 존 포트만 & 어소시에이츠+SIADR(상하이건축설계연구원)(건축), 허쉬 & 베드너(실내), 2003

인민광장 주변 지역 | 人民广场 런민광창 밍톈광창 明天广场

투모로 스퀘어

p.144
⑤

존 포트만 & 어소시에이츠+SIADR(상하이건축설계연구원)(건축), 허쉬 & 베드너(실내), 2003

南京西路 399号

투모로 스퀘어는 인민광장 근처에 위치한 55층에 연면적 120,000㎡의 복합용도 건축물로 342개 객실의 JW 메리어트 호텔과 255 유닛의 이그제큐티브 아파트, 20,000㎡의 상업공간으로 구성되어 있다.

마치 로켓이나 펜촉 같은 형태를 한 타워 상층부의 유니크한 외관이 상하이라는 도시를 알리는 랜드마크가 된 건축물로 타워는 V자형의 긴 기단부의 모서리에 서 있다.

타워 상층부의 정사각형 평면은 37층까지의 정사각형 평면에서 45도 회전한 구성으로 독특한 형태를 표현하였다. 타워 최상부의 펜촉 같은 형태 내부에는 구를 설치, 중국인들이 좋아하는 여의주의 이미지를 표현하였다.

아트리움이 있는 6층의 기단부에는 호텔을 위한 라운지를 비롯한 레스토랑, 회의공간과 헬스센터, 매장 등 상업공간이 있어 상징적인 타워부와는 달리 주변 도로의 흐름과 입지의 맥락에 호응하고 있다.

허쉬 & 베드너 어소시에이츠에서 한 실내공간의 디자인 역시 70년대 미국에서 아트리움 호텔을 디자인, 새로운 획을 그었던 존 포트만이 디자인한 건축물의 분위기에 맞추어 현대적이면서 역동적인 공간으로 디자인하였다.

www.portmanusa.com
www.marriott.com/shajw

시로스 플라자

南京西路 388号   HLW 인터내셔널+SIADR(상하이건축설계연구원), 2002

시로스 플라자는 지상 37층, 지하 3층에 연면적 99,135㎡ 규모의 업무와 상업공간, 레저 및 엔터테인먼트 시설이 복합된 건축물로 타워형 매스에 큐빅한 매스가 비스듬하게 관통한 것 같은 외관으로 주변의 아르데코에서 영향을 받은 빌딩들과는 차별화된다.

매스들을 상호 비스듬하게 엇물려 관통시켜 도심 속에서 좋은 전망의 확보와 매스들의 편차가 만들어내는 공간을 공중 정원으로 이용한다는 발상으로 접근한 시로스 플라자는 형태의 유희만이 아닌 디자인적인 타당성도 부여하고 있다.

아키텍토니카의 해체적 디자인을 연상시키는 HLW 인터내셔널 디자인의 시로스 플라자는 그런 콘셉트를 외관의 여러 곳에서 표현하였으나, 5층 높이의 기단부에서는 사선으로 상부를 돌출시키는 등 약간 모호하게 처리하였다. 또 상가, 식음공간, 영화관이 있는 기단부의 아트리움에서는 그런 디자인적인 어휘를 적용시키지 않고 있다.

곡선이 가미된 삼각형으로 보이드가 된 아트리움은 사람들에게 더 부드러운 이미지의 공간으로 접근하게 하려는 의도처럼 판단되었으나 외관의 대담함에 비해 디자인적인 집중력을 완성도 있게 밀고 가지 못한 점이 아쉬웠다.

도시적 스케일에서는 전위적인 구성에 의한 대담한 접근으로 차별화를, 휴먼스케일의 아트리움에서는 대중적이고 부드러운 이미지를 취한 접근으로 상업성을 취하겠다는 전략인 것으로 판단하고 있으나 디자인적인 밀도와 집중도라는 점에서는 떨어지는 것이 아쉽다.

www.hlw.com
www.ciros-plaza.com

상하이 대극원

장 마리 샤르팡티에+ECADI(화둥건축설계연구원), 스튜디오스 아키텍처(실내), 1998

人民大道 300号

상하이에 최초로 설립된 대표적인 공연장인 상하이 대극원은 지상 8층, 지하 2층 규모의 건축물로 3개의 공연장, 레스토랑, 관리사무소와 워크숍을 갖추고 있다.

중국 전통건축의 지붕을 현대적으로 표현한 곡선형 지붕이 인상적인 62,803m^2 연면적의 대극원은 프랑스인 건축가 장 마리 샤르팡티에(Jean Marie Charpentier)가 설계한 건축물로 발레와 오페라 공연에 사용하는 1,800석의 대형 극장, 실내악 연주용으로 사용하는 600석 규모의 중형 극장, 연극과 가무극을 공연하는 250석 규모의 소극장이 있다.

공연장에서는 시카고 교향악단의 공연 등 다양한 음악회와 공연, 문화행사 등을 개관 이래 6,000여 회를 개최하였다.

천창을 통해 빛이 들어오는 백색과 갈색의 대리석이 조화를 이루고 있는 로비공간은 실내 벽면의 일부를 하이테크한 구성의 커튼월을 설치, 고전과 현대를 대비시킨 공간으로 디자인하였다.

초기에 야외극장으로 계획되었던 곡선형 지붕 하부는 실내 레스토랑으로 변경하였다. 계단으로 이루어진 기단에 커튼월의 장방형 매스 위에 날렵하게 들어 올려진 곡선형 지붕을 한 대극원은 고전적 구성이나 단순한 형태의 모던 클래식한 외관을 하고 있다.

1층의 남, 서측 6개소에는 폭 18m의 수공간을 배치하여 공연을 구경하러 들어가는 사람들의 마음을 순화시키면서 계단을 따라 흘러내리고 있다.

www.shgtheatre.co

MoCA 상하이

南京西路 231号
人民公園

ALYA(아틀리에 리우 유양 아키텍츠), 2005

MoCA 상하이는 인민공원 내에 위치한 3층에, 연면적 4,000㎡ 규모를 한 현대미술관 용도의 건축물로 전시공간, 강의실, 사무실, 카페로 구성되어 있다.

건축가는 공원에 버려진 온실을 현대미술을 위한 파빌리온으로 개조하기 위하여 기존의 형태와 새로운 시도를 중재하기 위한 이중성을 내포한 건축물로 디자인, 원석을 가공하여 보석으로 변모시키는 것 같은 작업을 하였다.

또한 도심 속의 공원에 위치한 입지적인 특성은 건축물이 도시와 조경을 중재하여야 하는 입장도 반영하고 있다.

상하이당다이이수관 上海当代艺术馆

MoCA 상하이

ALYA(아틀리에 리우 유양 아키텍츠), 2005

南京西路 231号
人民公园

이런 중재를 위한 이중성 표현의 갈등은 평면에서 곡선과 직선의 대비나 도시와 조경을 중재하는 수정 같은 다각형의 온실 이미지로 표현하는 것으로 해결하였다.

유리 커튼월과 몽골산 석재로 마감한 다면체의 보석 형태를 한 온실 이미지의 현대미술을 전시하는 공간은 1층에서 2층을 경사로로 연결, 미술품들을 공원의 산책로에서 숲 사이로 산책하면서 감상하는 것 같이 디자인하였다.

예술가들이 일반적인 재료들을 사용하여 예술품을 만들듯이 건축가 역시 기존 온실의 구조와 입지적인 맥락을 고려하여 예술품을 전시하는 공간을 유리와 몽골산 석재로 마감한 다면체의 건축물로 해석, 디자인하였다.

중국 현대미술과 디자인의 연구, 수집, 전시하는 MoCA 상하이는 사무엘 쿵푸 재단의 자금으로 운영하는 비영리적인 예술기관이다.

www.mocashanghai.org
www.alya.cn

상하이 국제호텔

南京西路 170号

라디슬라우스 휴덱, 조지 그리고리안(개수), 크리스토퍼 초아(로비 개수), 1934, 1997(개수), 2001(로비 개수)

상하이 국제호텔은 헝가리인 건축가인 라디슬라우스 휴덱의 대표적인 작품인 지상 22층, 지하 2층 규모의 사행저축회회관(四行儲會大樓)으로 1934~1958년까지 아시아에서 가장 높은 건축물이었다.

미국의 라디에터 빌딩에 영향을 받은 아르데코 양식을 한 건축물은 수직성을 강조하면서 상층부는 셋백시킨 구성을 취하고 있다.

1~3층까지 마감한 검은색 화강석으로 모서리를 곡선으로 처리한 기단부, 4층 이상은 다갈색의 벽돌과 타일로 마감한 중층부, 기하학적인 셋백된 구성의 세련된 비례감을 갖춘 고층부를 한 건축물은 당시 첨단 기술이었던 철골 구조와 철근콘크리트 구조를 채용하였다.

호텔의 2개 층 높이를 보이드시킨 로비 라운지는 아

인민광장 주변 지역 | 人民广场 런민광창   상하이귀지판디안 上海国际饭店

상하이 국제호텔

p.144
⑨

라디슬라우스 휴덱, 조지 그리고리안(개수), 크리스토퍼 초아(로비 개수), 1934, 1997(개수), 2001(로비 개수)   南京西路 170号

이보리 색의 대리석으로 마감한 공간으로 2층 높이의 거대한 벽면을 아르데코 양식으로 장식한 공간이나 주두 부분을 곡선으로 처리한 기둥, 천장에 매입한 유리 등박스 등에서 2, 30년대의 아르데코적인 공간을 체험하는 것이 가능하다.

1997년 미국의 디자이너 조지 그리고리안이 개수하였으며, 2001년 미국 건축가 크리스토퍼 초아가 로비를 아르데코 양식으로 복원하였다. 과거 장제스 전 타이완 총통의 부인인 쑹메이링(宋美齡) 등 유명 인사가 자주 들르기도 하였던 호텔은 역사적인 분위기의 아르데코 양식을 한 공간이기에 건축이나 실내디자인을 전공하는 사람이라면, 필히 방문해보기 바란다.

www.parkhotel.com.cn
en.wikipedia.org/wiki/Park_Hotel_Shanghai

상하이 스포츠클럽

南京西路 150号 　 엘리엇 하자드, 1932

상하이 스포츠클럽은 난징시루에 위치한 11층에 연면적 11,306㎡ 규모의 건축물로 2, 3층의 아치형 기둥들이 인상적인 기단부 위에 시카고 풍의 창이 있는 수직적 구성의 상층부로 구성되어 있다.

상층부가 U자형 평면으로 구성된 클럽은 지상에서는 쌍둥이 타워로 구성된 것 같이 보이는 고전적인 구성의 건축물로 수평과 수직 방향으로 3단의 형식을 취하고 있다.

예술과 수공예 운동에서 영향을 받은 갈색 치장 벽돌로 마감한 벽으로 구성된 기단부, 고전적인 기둥들과 아치 구성, 시카고의 마천루를 연상시키는 수직적 구성의 상층부를 보노라면, 근대와 아르데코,

| 인민광장 주변 지역 | 人民广场 런민광창 | 상하이티유쥬러부 上海体育俱乐部 |

상하이 스포츠클럽

p.144 ⑩

엘리엇 하자드, 1932   南京西路 150号

고전 사이에서 절충적인 디자인이 유행하던 1930년대 상하이의 과도기적인 건축적 흐름을 느낄 수 있다.

1928년 미국인 피치와 록펠러가 제안, 창립한 클럽은 30년대 상하이에서 중국과 서양의 스포츠 교류를 위한 중요한 역사적인 장소이면서 상하이에 있는 서구 청년들을 위한 스포츠와 레저를 위한 장소로 제공되었다.

현재 클럽 건축물 내의 32개의 객실을 갖춘 호텔에서는 로비, 게스트 하우스와 함께 회의실, 수영장, 체육관, 연회실, 레스토랑 등을 제공하고 있다.

패시픽 호텔(구 화안 빌딩)

南京西路 108호 엘리엇 하자드, 1926, 2011(개수)

패시픽 호텔은 과거 중국 연합 생명보험사에서 건축한 화안 빌딩(华安大楼)으로 외관은 필리핀의 국회의사당을 모방한 아르데코와 르네상스를 가미한 하부 2개 층, 중간부 5개 층, 상부 1개 층이라는 입체 3단 형식의 신고전주의 양식을 한 건축물이다.

필립스(E. S. J. Phillips)와 함께 하사더양항(哈沙德洋行)이란 건축사무소를 설립하였던 미국 건축가 엘리엇 하자드(Eliott Hazzard)가 설계한 H자형 평면의 빌딩은 상부 중심축에 9m 높이의 종탑을 설치, 상징성을 강화한 인상적인 외관을 하고 있으며 기단부와 포치는 이탈리아 고전적인 기둥으로 디자인하였다.*

기단부 2층의 반원형의 아치창은 상층부 반원 아치창에 호응하게 디자인하여 전체적인 조화를 추구하고 있다.

1920년대의 분위기를 느낄 수 있는 실내의 홀 전체는 이탈리안 산 대리석으로 마감하고 복도는 르네상스 풍으로 디자인하였다.

연면적 2,526㎡ 규모의 화안 빌딩은 1939년 홍콩의 화교에 의해 골드게이트 호텔로 개수, 사용하다가 1958년 화교 호텔로 개명하여 오늘날의 패시픽 호텔이 되었다. 182개의 객실을 갖춘 호텔은 1989년 상하이의 역사적인 문화유적으로 지정되었다.

http://pacific.jinjianghotels.com

인민광장 주변 지역 | 人民广场 런민광창 진명다쩌우디안 金门大酒店

패시픽 호텔(구 화안 빌딩)

엘리엇 하자드, 1926, 2011(개수)   南京西路 108号

p.144
⑪

* 이안 저, 혼돈 속의 질서 上海 근대도시와 건축
  1845-1949, 미건사, 2003, p. 115

신세계 백화점

신스지에바이훠 新世界百货 | 인민광장 주변 지역 | 人民广场 런민광창

南京西路 2-68号　ECADI(화동건축설계연구원), 1995

신세계 백화점은 난징둥루 보행자 거리의 시발점에 위치한 지상 9층, 지하 1층에 16,000㎡ 규모의 백화점으로 주변의 1910~30년대 건축된 백화점의 외형적 맥락을 반영한 건축물이다.

십리의 난징루에 하나의 신세계라는 상하이 사람들의 말처럼, 상하이 사람들의 뇌리에 새겨진 신세계 백화점은 백화점과 복합 영화관 등으로 구성된 복합용도의 공간으로 맥켄지 사가 기획하여 하루 20만 명의 집객을 예측하여 설계하였다.

모서리가 곡선으로 처리된 외관은 건축 당시의 유행을 반영하고 있으며 모서리 상층부에는 2개 층 높이의 원형 타워를 설치하고 상층부를 아치형 창을 설치하여 지역의 랜드마크가 되었다.

20대의 엘리베이터와 2대의 에스컬레이터가 있는 공간은 상하층의 회유성을 고려하여 디자인하였으며 최상층의 전망 회전 레스토랑에서는 식사를 하면서 상하이의 전경을 360도 바라볼 수 있고, 옥상에서는 공중정원과 실내수영장이 있다.

인민광장 주변 지역 | 人民广场 런민광창   상하이스띠이바이훠상디얀 上海市第一百货商店   167

상하이시 제일백화점 빌딩

p.144
⑬

관송승+쥬빈, 1936, 2008(개수)   南京东路 830号

상하이시 제일백화점 빌딩은 상하이에 온 이탈리아 화교가 설립한 10층에 연면적 28,000㎡ 규모의 따씬(大新) 공사 빌딩이었던 건축물로 아르데코의 흔적이 남아있는 근대적인 양식으로 디자인하였다.

난징루의 4대 회사 중에서 가장 늦게 세운 대규모 백화점은 서구의 근대건축의 영향을 가장 많이 받아들인 건축물로 1층은 검은색 화강석 마감에 상부는 주로 벽돌로 마감하였다.

모서리가 곡선으로 처리된 날렵한 근대적인 입면이 인상적이나, 최상부에는 베이지색 타일 마감의 아르데코나 금속의 중국식 장식 등이 엿보이기도 한다.

미국 유학파 건축가인 관송승(關頌聲)과 쥬빈(朱彬)은 미국의 근대기 건축과 아르데코 양식을 접목한 건축을 백화점을 통하여 실현하였다.

1~4층은 백화점, 5층은 사교장과 주점, 6~10층은 오락장, 옥상은 옥상정원으로 구성된 빌딩은 중국 최초로 지하에 매장을 설치하였던 백화점이다.*

건축 당시 1층 3면에 18개의 거대한 쇼윈도와 함께 에스컬레이터를 설치하여 화제가 되었던 건축물은 1953년 상하이시 제일백화점으로 개명하였다.

www.bldybh.com

* 상게서, pp. 249-250 수정 인용

남경로

장 마리 샤르팡티에+TJADRI(통지건축설계연구원)(건축), TUP(조경디자인), 1999

난징루는 상하이 중심지에 위치한 가장 오래되고 번화한 보행자 전용도로로 연결된 상업지구로 와이탄까지 도보로도 이동할 수 있다.

난징루는 직선의 도로에 양쪽으로 상가가 늘어선 형태로서 한국의 명동과 많이 비교되나 명동과는 형태가 많이 다르다. 상가의 특징도 명동은 젊은층이 주 대상인 반면 난징루는 고객층이 고르게 분포한다.

동쪽 와이탄부터 시작하여 5.5km에 이르지만 핵심이 되는 보행자 중심의 상업지역은 1km 정도로 약 600개의 상점이 입주, 많은 사람들로 항상 붐비는 곳이다.

난징루는 1851년 당시는 와이탄으로 통하는 허난루의 경기장 사이의 공원의 오솔길이었던 것이 1854년에는 당시 다마루(大馬路)라고 불리던 저장루(浙江路), 1862년에는 시장루(西藏路)까지 확장되었다.

1865년 상하이 공공조계가 들어서면서 난징루라는 이름을 갖게 되었으며, 1945년 이전의 난징루는 현재의 난징동루를 가리킨다. 난징동루의 중심 지역

은 세기광장이며 난징시루는 인민광장과 그 주변 지역이다.

1998년 시는 난징루를 보행자 전용도로를 결정, 1999년에 정식으로 사용하면서 도로 중앙에 골든벨트라고 명명한 폭 4.2m 부분을 적색 화강석으로 깔고 화단, 벤치, 공중전화 박스 같은 스트리트 퍼니처와 조형물들을 설치, 정비하였다.

이에 따라 8개의 대형 백화점과 프렌차이즈 상가들이 들어서고 8m 폭의 보행자 거리가 만들어지면서 길이도 1km에서 2km로 허난중루에서 시장중루까지 확장하였다. 서쪽으로는 시장중루까지 이르는 길로 총 길이 1,599m다.

사거리 입구에서 보행자 거리가 시작되며 관광열차가 운행된다. 최근 난징루에 설치된 유리 블록으로 마감된 키오스크는 상하이 MoCA를 설계한 아틀리에 리우유양 아키텍츠의 작품이다.

www.arte-charpentier.com

난징루 南京路

남경로
p.144
⑭

장 마리 샤르팡티에+TJADRI(통지건축설계연구원)(건축), TUP(조경디자인), 1999

상하이 시마오 국제 플라자

빠이리안쓰마오궈지광창 百联世茂国际广场 | 인민광장 주변 지역 | 人民广场 런민광창

南京东路 819号 | 잉겐호펜 아키텍츠+ECADI(화둥건축설계연구원)(건축), 빌케이 리나스 디자인(호텔 실내), 2006

상하이 시마오 국제 플라자는 난징동루에 면해 위치한 60층, 연면적 17만㎡ 규모의 초고층 건축물로 로켓처럼 상승하는 듯한 외관과 그 최상층에 있는 2개의 피뢰침 같은 구조가 인상적이다.

상하이 시마오 그룹에서 매입하여 상하이 시마오 국제 플라자로 이름이 바뀐 건축물은 독일의 건축사무소인 잉겐호펜 아키텍츠에서 설계한 플라자로 기단부의 10개 층에는 쇼핑몰과 클럽, 그리고 상부의 50개 층에는 770개의 객실을 갖춘 르 로열 메르디앙 상하이 호텔로 구성되어 있다.

기단부의 난징동루에 면한 주출입구를 지붕이 덮인 9개 층 높이의 오픈형 야외공간으로 사람들의 만남과 접근을 활성화하도록 한 쇼핑몰에는 200개 이상의 유명 브랜드 매장과 캐주얼 레스토랑 등이 입주하고 있다.

상층부에 위치한 르 로열 메르디앙 상하이 호텔에는 빌케이 리나스가 디자인한 현대적인 디자인의 2,000㎡ 규모를 한 2개의 그랜드볼룸과 5개의 컨퍼런스 룸, 비즈니스 센터, 스파, 헬스클럽, 실내 수영장이 있다.

아침에 난징동루에 면한 플라자 기단부의 캐노피 아래서 사람들이 모여서 우슈를 하는 모습을 보면서 건축가가 의도한 매개공간의 활용도를 확인할 수 있었다.

www.ingenhovenarchitects.com
en.wikipedia.org/wiki/Shimao_International_Plaza
www.blsmmall.com

인민광장 주변 지역 | 人民广场 런민광창　　　무언탕 沐恩堂

상하이 무어 기념교회

p.144
⑯

라디슬라우스 휴덱, 1931　　西藏中路 316号

상하이 무어 기념교회는 헝가리인 건축가인 라디슬라우스 휴덱이 디자인한 연면적 3,138㎡ 규모의 건축물로 무언탕(沐恩堂)이란 건축물 명은 하나님의 은혜를 입는다는 무언(沐恩)에서 유래하였다.

미국기독교협회 전도사인 리더(李德)가 청나라 때 설립한 감리교회로서 신도였던 무어를 기념하기 위하여 현재의 명칭으로 변경하였다. 적벽돌로 마감한 네오고딕 양식의 교회당은 1,000명을 수용할 수 있는 예배공간, 종탑, 4층의 부속동으로 구성되어 있다.

중심부에 예배공간이 위치한 대칭적인 구성의 교회당은 양측에 3층의 건축물을 배치하고 남서측 모서리에 있는 첨두아치형의 창을 한 종탑에 의해 교회의 존재감을 강조하고 있다. 첨두아치 구조로 이루어진 예배공간은 높은 천장고와 빛으로 성스러운 분위기를 연출하고 있다.

1936년 한 신도의 헌금으로 건축 꼭대기에 5m 높이의 네온사인과 모터를 설치한 십자가를 세워 십자가가 회전하면서 빛이 나게 하는 등 당시 상하이에서 최첨단의 교회이기도 한 건축물은 1989년 상하이 시에 의하여 보존하여야 할 근대건축물로 지정되었다.

http://baike.baidu.com/view/360085.htm

하버 링 플라자

西藏中路 18号　　P&T 아키텍츠 구룹+EACDI(화동건축설계연구원), 1997

하버 링 플라자는 인민광장에 면하여 위치한 36층에 연면적 54,800㎡ 규모의 업무용 건축물로 6층 높이의 긴 장방형의 기단부와 조화를 이루는 은색 타워가 인상적이다.

타워는 유리와 은색의 알루미늄 커튼월로 이루어진 수평적인 스트라이프 구성의 중층부와 날렵한 수직적인 구성의 상층부, 그리고 중층부와 상층부를 피뢰침과 연결하여 대칭성을 강조하는 수직 구조물에 의해 존재감을 나타내고 있다.

상층부의 유리 커튼월 구조가 수직 구조물을 중심으로 스트라이프 구성의 중층부에 관입, 대칭을 강조하는 구성의 건축물로 마치 섬유의 수직과 수평적인 실들을 연결하여 만든 것 같은 외관이 인상적으로 후면은 전면과는 달리 격자형으로 구성한 입면이 흥미롭다.

중, 상층부의 30층은 업무공간, 6층 높이의 기단부는 상업공간이며 지하 3층은 주차장으로 구성되어 있다.

www.p-t-group.com

하이통 증권 빌딩

하이통증츄안다싸 海通证券大厦

HPA 건축사무소, 2004　广东路 689号

하이통 증권 빌딩은 지상 35층, 지하 3층 규모의 건축물로 파도치는 것 같은 푸른색 유리의 외피로 구성된 외관이 인상적이다.

인민광장에서 보면, 대부분의 고층 건축물들이 아르데코에서 영향을 받은 외관을 하고 있는데 비하여 하이통 증권 빌딩은 곡선의 철골 프레임을 노출시켜 주출입구를 강조한 5층 높이의 기단부에 세워졌다.

타워는 사각형 평면을 취하였으나 상부로 올라가면서 각 면의 유리와 금속으로 된 커튼월이 마치 파도가 치는 듯한 구성을 하여 다른 건물들과는 차별화된다.

기단부의 곡선 철골 프레임이 상부로 올라가면서 마치 파도치는 듯한 구성으로 변한다는 것을 암시하고 있는 건축물은 와이탄과 인접한 지역의 빌딩으로서는 디자인이 파격적이라고 할 수 있다.

기단부 후면은 일반적인 빌딩처럼 박스형으로 디자인되었으나 타워의 파도치는 듯한 8장의 외피는 인민광장 지역 스카이라인에서 보이는 새로운 흐름의 발신음과 같은 랜드마크형 건축물이다.

상하이 패션 스토어 & 동아시아 호텔

南京东路 680号 | 레스터, 존슨 & 모리스, 1917

상하이 패션 스토어 & 동아시아 호텔은 과거 중국인이 설립한 씨엔스(先施) 공사 빌딩이었던 7층에 연면적 13,760㎡의 건축물로 상하이 초기의 최대 규모의 백화점이었다.

르네상스 초기의 양식을 취하면서 부분적으로 바로크 장식을 한 건축물은 최상층 모서리에 3층 높이의 탑을 설치, 마성탑(摩星塔)이라고 불리기도 하였다. 건축물 전체 외관은 르네상스 입면 특징을 가지고 있으나 창틀이나 주철 난간은 바로크 장식, 모서리의 이오니아식 기둥과 아치 구조 등 절충적인 양식으로 접근한 것이 특징이다.

복고주의 지향의 레스터(Henry Lester), 존슨(G. A. Johnson), 모리스(G. Morris)가 설립한 더허양항(德華洋行)의 첫번째 백화점인 패션 스토어는 맞은편에 위치한 경쟁업체인 용안 백화점과의 관계를 고려하여 5층을 7층으로 증축하면서 모서리의 탑도 증축하였다.

패션 스토어는 상하이 제일의 백화점으로 가격표시제의 시행, 일요일 휴무 제도 도입과 함께 관례를 타파한 여성점원의 고용 등 새로운 시도를 하였다.* 백화점 외에 144실의 객실과 13개의 다른 스타일의 레스토랑이 있는 동아시아 호텔도 있다.

* 상게서, pp. 243-245 수정 인용

인민광장 주변 지역 | 人民广场 런민광창 용안바이훠 永安百貨

용안 백화점

p.144
⑳

파머 & 터너, 1918 南京东路 635号

중국인 상인 꾸오러(郭樂)가 홍콩에 창립한 용안 공사가 1918년 개업한 용안 백화점은 난징둥루에 면해 위치한 6층, 연면적 30,992㎡ 규모의 철근콘크리트 구조의 건축물이다.

3부 구성을 한 르네상스 양식의 외관을 한 건축물은 오거리에 면한 곳을 곡선으로 처리하면서 주출입구를 설치하였다. 기단부인 1층은 이오니아식 기둥이 2개씩 있는 외랑식 구조에 거대한 쇼윈도를 설치하고 최상층에는 3층 규모의 바로크 양식을 한 탑 등 절충적인 디자인이 특징으로 1~4층은 백화점, 5~6층은 식당, 댄스 홀, 놀이공원과 영화관으로 구성되었다.

용안 백화점이 건축 후에 백화점 동측에 1933년 엘리엇 하자드에 의해 아르데코 양식인 용안공사 신사옥을 신축, 연결하여 초대형 백화점이 되었다.

산우산광창 353广场 | 인민광장 주변 지역 | 人民广场 런민광창

353 플라자

南京东路 353号 | 쥬앙쭌, 1933, 우즈 바곳 아키텍츠(개수), 2008(개수)

난징동루에 면해 위치한 353 플라자는 과거 동하이 빌딩(東海商都)이었던 아르데코 양식을 한 7층에 연면적 35,000㎡ 규모의 건축물이다.

계단식 아르데코 양식을 한 플라자는 모서리부에 위치한 3층 높이의 탑이 빌딩을 알리는 사인 기능을 한다.

설계는 칭화 대학교 교수로도 재직한 교수 건축가인 미국 유학파 쥬앙쭌이 하였다. 그는 석재로 마감한 근대적인 입면의 건축물이면서 2층 창 상부에 지그재그형 장식을 한 아르데코 양식의 353 플라자 같은 디자인을 하였다.

2008년 오스트레일리아를 근거지로 활동하는 우즈 바곳(Woods Bagot) 아키텍츠가 실내공간을 개수하면서 1~3층은 자라나 라일 & 스콧 같은 패션 매장, 4~5층은 독립적인 디자이너 브랜드와 스포츠 콘셉트 스토어, 6~7층은 트렌디한 식음공간과 디지털 플라자의 기능과 함께 천창과 각 층을 보이드시킨 아트리움이 있는 개방적이면서 현대적인 공간으로 변모시켰다.

또한 대형 아트리움이 있는 공간에는 음악으로 공간을 활성화시키는 353 스퀘어를 조성, 음악 스튜디오와 라이브 공연을 통하여 쇼핑과 엔터테인먼트를 연결시키는 새로운 공간의 창조를 목표로 디자인하였다.

www.woodsbagot.com
www.plaza353.com

인민광장 주변 지역 | 人民广场 런민광창   민런거오우쭝신 名人购物中心

헨더슨 메트로폴리탄 빌딩

단게 겐조 어소시에이츠, 2011   南京东路 300号

헨더슨 메트로폴리탄 빌딩은 난징동루의 보행자 거리에 면해 신축한 업무와 상업공간이 복합된 용도의 지상 22층, 지하 3층에 연면적 67,789㎡ 규모의 건축물이다.

유리 커튼월로 마감한 30,000㎡ 규모를 한 업무공간 용도의 상층부와 7층에 47,300㎡ 규모의 상업공간 용도의 기단부로 구성된 빌딩은 주출입구를 암시하는 유기적인 구성의 유리와 금속으로 마감한 캐노피가 보행자들에게 건축물에 대한 강한 인상을 부여한다.

상층부의 대칭적인 구성과는 달리 황푸 강의 물결에서 디자인의 모티브를 취하였다고 하는 기단부의 입면은 주출입구 부분의 캐노피가 곡선의 밴드처럼 휘어 올라가면서 강조하는 동시에 후면의 커튼월도 곡선으로 휘어지면서 입면에 변화를 부여하고 있다.

유기적인 구성의 캐노피와 함께 상층부 커튼월의 빛을 반사하면서 반짝이는 것 같은 구성의 입면도 물과 관련된 모티브의 다른 해석으로 생각된다. 4개 층에 걸친 중국 최대의 애플 매장 등 다양한 매장들이 있는 빌딩은 지하철 2호선 난징동루 역과 연결된 건축물로 보행자 거리의 새로운 명소로 부각되고 있다. / www.tangeweb.com

상하이지에팡르바오다싸 上海解放日报大厦 | 인민광장 주변 지역 | 人民广场 런민광창

지에팡 데일리 뉴스 본사

汉口路 266号　KMD(카플란 맥로플린 디아즈) 아키텍츠, 2008

지에팡 데일리 뉴스 본사

KMD(카플란 맥로플린 디아즈) 아키텍츠, 2008

汉口路 266号

지에팡 데일리 뉴스는 중국의 가장 영향력 있는 신문으로 역사적인 와이탄의 헤난루에 19층, 연면적 173,700㎡ 규모의 본사 사옥을 건축하였다.

샌프란시스코를 기반으로 활동하는 KMD 아키텍츠는 공기역학적인 흐름을 고려하여 곡선형의 평면을 한 본사를 설계하였다.

휘어진 곡선형 평면에 좌측으로 곡선을 그리면서 상층부로 올라가는 날렵한 유리로 마감한 커튼월의 외관과 기단부 위에 위치한 커튼월로 마감한 둥근 곡선의 매스는 단순한 형태적인 장치 이상으로 실내에서 셋백이 되면서 수목을 심은 친환경적인 장치이면서 자연 통풍을 촉진하는 지속 가능한 디자인 장치라는 사실이다.

이러한 장치들은 건축물에서 인체의 폐처럼 식물과 환기를 통하여 공기를 정화하는 장치이기도 한 것이다.

4개 층 높이의 아트리움은 자연환기를 용이하게 하며 인텔리전트 커튼월 시스템은 유리와 차양을 사용하면서 광 발전 패널로 태양 에너지를 제공하게 디자인하였다.

건너편에 위치한 아르데코 건물도 사거리에 면하여 곡선형 평면을 취하고 있어 마치 인접한 건물에 대한 맥락성을 고려한 것처럼 느껴지는 건축물이기도 하다.

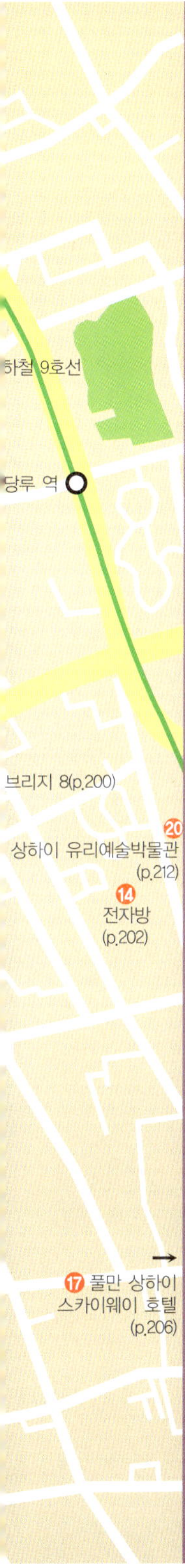

新天地 신톈디

신천지 주변 지역

하철 9호선

당루 역

브리지 8(p.200)

⑳ 상하이 유리예술박물관 (p.212)

⑭ 전자방 (p.202)

⑰ 풀만 상하이 스카이웨이 호텔 (p.206)

/신천지 주변 지역/

신천지 주변 지역은 과거 우리말로 노만(盧灣 루완) 구로 불리던 상하이 시 중남부에 위치한 주요 상업지역 중의 하나다.

루완 구는 북측은 징안(靜安) 구, 동측은 황푸(黃浦) 구, 서측은 쉬후이(徐汇) 구와 접하며 남측을 황푸 강을 사이에 두고 푸둥(浦東) 신구와 마주 보고 있는 지역으로 2011년 황푸 구와 병합되었기에 신천지 주변 지역으로 설명하고자 한다.

물론 신천지 주변 지역으로 명명하여 설명하지만, 실제로는 과거의 루완 구 지역을 대상으로 설명하는 것이다.

역사를 살펴보면, 원에서 청 말기까지 상하이 현에 부속되었던 지역은 1900년 이후 구의 북부가 프랑스 조계지로 설정되었으며 2차 대전 후에 루자완(盧家灣) 구가 설치된 후, 중화인민공화국 성립 후에 루완 구로 명명되었다.

과거 프랑스 조계의 일부였던 지역은 청조의 행정권이 미치지 않은 지역이어서 손문(孫文 쑨원)이나 모택동(毛澤東 마오쩌둥), 주은래(周恩來 저우언라이)가 살던 집이나 중국공산당 제1차 전국대표대회 개최지, 대한민국 임시정부 유적지 등이 있는 역사적인 장소다.

또한 2000년대에 들어 과거 프랑스 조계시대의 건축물들을 활용, 상업지역으로 개발한 신천지가 생겨서 관광객들은 신천지가 있는 지역이라고 말하면 더 알기 쉬울 것이다.

신천지는 과거 상하이의 대표적인 건축양식인 석고문(石庫門 스쿠먼) 양식의 주택들이 있던 곳을 상업공간으로 개발, 상하이의 명소가 된 곳이다.

신천지에는 바로 옆의 신천지 스타일 빌딩의 건축과 함께 인접한 지역에 KPF에서 설계한 랭햄 신천지 상하이 호텔, 안다즈 상하이 호텔이 들어서면서 활성화되고 있으며, 최근에 쇼핑공간에 예술작품을 설치하여 차별화시킨 K11 아트몰 상하이도 신천지 지역에 오픈하였으니 한 번 방문해보기 바란다.

번드 18을 개수한 코카이 스튜디오스에서 디자인한 K11 아트몰은 과거 홍콩 뉴월드 타워였던 건축물을 예술, 사람, 자연이란 콘셉트로 디자인한 공간으로 예술품이 있는 쇼핑공간과 함께 4층에 위치한 어반하비스트 g+ 레스토랑도 인상적이다.

프랑스 조계지로서의 루완 구 지역은 좁은 도로 사이로 늘어선 가로수의 행렬, 나지막한 유럽식 가옥으로 대변되는 분위기가 특징이다.

상하이에 거주하는 외국인들이 가장 선호하는 이 지역은 와이탄을 지배하였던 영국이 웅장함을 콘셉트로 디자인하였다면, 프랑스는 녹음이 우거진 거리와 공원들로 이루어진 전원형 도시로 디자인하였기 때문이다.*

프랑스 조계지였던 지역에서 오래된 유럽식 주택과 가로수가 우거진 거리 풍경. 헝산루 일대의 노천카페에서 즐기는 시간을 갖기 바란다.

* 전명윤·김영남, 상하이 100배 즐기기, 랜덤하우스, 2006, p. 185 수정 인용

신천지

벤자민 우드+스튜디오 상하이, 니켄세케이+TJADRI(통지건축설계연구원), 2002

새로운 하늘과 땅이란 의미의 신천지(新天地)는 중국식 발음으로는 신톈디라고 불리는 곳으로 과거 프랑스 조계지에 있던 상하이의 전통주택인 석고문(石庫門 스쿠먼) 주택들이 있던 두 개의 블록을 홍콩 재벌이 당국의 허가를 받아 조성한 거리다.

동서 약 300m, 남북 약 500m에 조성된 직사각형의 구조로 19세기 상하이 전통주택인 석고문 양식으로 지어진 쇼핑, 레스토랑 등이 있는 북측과 남측 블록으로 구성한 상업용도의 거리 겸 단지다.

3만㎡ 규모의 북측 블록은 신천지의 제1기 프로젝트로 현재 상하이에서 가장 세련된 쇼핑공간이 자리잡고 있으며 레스토랑과 바, 커피숍, 테라스 카페, 상점, 갤러리 등이 들어서 있다.

석고문 주택들은 과거의 모습을 유지하고는 있으나, 내부는 현대적인 실내공간으로 개조하여 고전과 현대가 공존하고 있다.

남측 블록은 신축한 멀티플렉스 영화관과 쇼핑몰과 옛 석고문 양식의 건축물이 대비를 이루고 있는 블록이다. 신천지가 일반적인 유흥가와 다른 점은 단지 전체가 과거 상하이의 모습을 보여주면서 럭셔리 숍, 레스토랑과 바 등이 모여 있다는 점이다.

주간에는 과거 상하이의 문화를 간직한 쇼핑가와 레스토랑, 그리고 석고문 주택의 오픈 하우스 등, 야간에는 상하이 최고의 밤 문화를 즐길 수 있는 바와 클럽이 유명하다.

신천지에서 디자인으로 유명한 레스토랑과 디자인된 공간은 볼트형의 지붕과 바 카운터 하부를 유리 블록으로 마감, 조명에 의해 다양한 분위기를 연출하는 로레타 후이산 양의 TMSK 신천지 레스토랑, 토니 치가 디자인한 예상하이(夜上海), 찬토 디자인의 크리스탈 제이드 레스토랑이나 T8, 우드 & 자파타의 라 메종, 인픽스 디자인의 아크, K 플러스 K에서 디자인한 비달 사순 아카데미 등이 유명하다.

도심의 고층 건물에 둘러싸인 단지는 상하이를 방문하는 관광객들이 꼭 한 번은 들르는 장소로 단지 내에는 중국공산당 제1차 전국대표대회의 장소였던 중공일대회지(中共一大會址)도 있으니 시간이 있다면 들러보기 바란다.

www.studioshanghai.com
www.xintiandi.com

신천지 주변 지역 | 新天地 신텐디 신텐디 新天地

신천지

p.180
①

벤자민 우드+스튜디오 상하이, 니켄세케이+TJADRI(통지건축설계연구원), 2002

석고문 주택 오픈하우스

太倉路 181弄 25号   2002

석고문 주택 오픈하우스는 신천지 북측 블록 내에 위치한 상하이의 전통주택인 석고문 주택을 그대로 옮겨놓은 전시관으로 스쿠먼 우리샹이라고 부르고 있다.

석고문은 돌대문이란 의미로, 돌대문을 한 2~3층의 중정을 가진 상하이 전통양식의 주택을 통칭하는 것이다. 상하이에는 전통적인 목조 골격에 벽돌과 돌로 마감한 전통 주거가 돌로 된 문틀의 현관문을

신천지 주변 지역 | 新天地 신텐디   스쿠먼우리샹 石库门屋里厢

석고문 주택 오픈하우스

2002   太仓路 181弄 25号

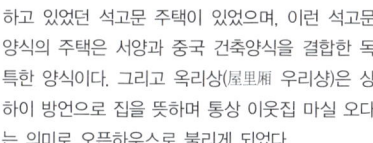

하고 있었던 석고문 주택이 있었으며, 이런 석고문 양식의 주택은 서양과 중국 건축양식을 결합한 독특한 양식이다. 그리고 옥리샹(屋里厢 우리샹)은 상하이 방언으로 집을 뜻하며 통상 이웃집 마실 오다 는 의미로 오픈하우스로 불리게 되었다.

이곳은 오픈하우스라는 명칭처럼 1920년대 상하이 중산층의 집을 그대로 전시하고 보여주는 곳으로 상하이 사람 70% 이상이 석고문 주택에서 태어나서 성장하였다고 한다.

관광객들이 실제 석고문 양식의 주택 내부를 들어가 보기는 쉽지 않기에, 이런 양식의 주택들을 개조하여 만든 신천지 내에 주택을 그대로 복원하여 만든 공간을 통하여 상하이인들의 주거공간을 접하게 하고 있다.

우리의 삶과는 달리 입식생활을 하는 상하이인들의 주거공간과 삶을 느껴볼 수 있으며 신천지가 개발되는 과정도 사진으로 접할 수 있는 곳이기에 건축이나 실내디자인 전공자라면 꼭 방문해보기 바란다.

www.xintiandi.com

프랑프랑신톈디디안 franc franc 新天地店 | 신천지 주변 지역 | 新天地 신톈디

프랑프랑 신천지 매장

马当路 245号   모리타 야스미치, 2010

프랑프랑은 120여 개의 오프라인 매장을 가진 일본을 대표하는 디자인 생활용품 브랜드로 최근 상하이 신천지 스타일 빌딩 내의 1, 2층에 매장을 오픈하였다.

프랑프랑 신천지는 신천지 지하철역으로 나오면 바로 보이는 곳에 위치한 매장으로 일본의 유명한 실내디자이너인 모리타 야스미치가 디자인하였다.

프랑프랑의 디자인 콘셉트는 캐주얼 스타일리시로 핑크나 연두, 밝은 보라색 같은 가벼운 색채를 사용하여 무미건조하고 단조로운 일상에 활기와 경쾌함을 더하여 즐겁고 풍요로운 일상을 만든다는 것이 목표이기에, 디자이너는 공간의 곳곳에 미소를 짓게 하는 흥미로운 장치들을 연출하였다.

1층에서 2층으로 오르는 계단실에 디자인을 집중하였으며, 계단의 양 옆 천장에 매달린 금속 망으로 만든 거대한 오브제 같은 등에는 백색 플라스틱 컵 같은 일상용품들이 매달려 있다.

마르셀 듀샹처럼 레디메이드된 제품에 대한 해학적인 접근처럼 느껴지는 조명등, 그리고 계단참 중앙에 설치된 거울에 설치된 액자형 조명과 난간에 있는 거대한 초를 모티브로 한 오브제형 난간은 지긋지긋한 일상에서 탈피한 삶에 있어 자극적인 조미료 같은 장치처럼 느껴진다. 모리타 야스미치는 신천지 스타일 빌딩 1층에 부티크 바이라는 매장도 최근에 오픈하였다.

glamorous.co.jp / www.francfranc.com

신천지 주변 지역 | 新天地 신텐디　　　　프랑프랑신텐디디안 franc franc 新天地店

프랑프랑 신천지 매장

③

모리타 야스미치, 2010　　马当路 245号

신천지 주변 지역 | 新天地 신톈디

부티크 바이

马当路 245号　　모리타 야스미치, 2011

상하이 신천지 스타일 빌딩 1층에 오픈한 부티크 바이는 250㎡ 규모의 남성용 패션 매장으로 외관을 액자형의 쇼윈도와 실크스크린 아트로 구성, 실내에 전시된 의상들이 액자 속에 보이는 예술작품으로 느껴지게 한 것이 특징이다.

거대한 액자의 외관과 함께 실내의 쇼윈도 측에는 거대한 오리지널 의자들을 놓고 기둥을 거울 면으로 마무리, 오버스케일과 일루전에 의한 초현실적인 분위기로 연출하였다.

실내공간의 중심에는 모델들이 워킹을 하는 런웨이 같은 디스플레이 대를 중심에 배치하면서 중국의 사찰에서 보이는 나선형의 향을 모티브로 한 등들을 곳곳에 매달아 중국적인 분위기를 실내에 반영하고자 하였다.

전 세계를 상대로 많은 프로젝트를 진행하는 모리타 야스미치가 그의 디자인적인 특성을 프랑프랑과 부티크 바이에서 어떻게 다르게 변주하여 보여주는지 눈여겨보기 바란다.

glamorous.co.jp

신천지 주변 지역 | 新天地 신텐디

싸쉬안메이파쉬에위안 沙宣美发学院

비달 사순 아카데미

K 플러스 K, 2000

卢湾区 太仓路 181 弄16号

사순 커트라는 헤어스타일로 알려진 비달 사순 아카데미는 신천지 내의 석고문 주택을 개수한 2층에 560㎡ 규모를 한 살롱과 아카데미 기능을 갖춘 아시아 최초의 비달 사순 본사로 헤어디자인 서비스와 함께 교육을 하고 있다.

다른 신천지 내의 프로젝트들이 외관의 흐름을 크게 손상시키지 않고 실내공간을 중점적으로 개수한 것에 비해, 비달 사순 아카데미는 입구 부분을 유리와 철골, 그리고 콘크리트로 구성한 날렵한 곡선적인 벽체로 헤어디자인과 관련된 건축물임을 상징적으로 표현하고 있다.

유연한 머리칼을 디자인 콘셉트로 한 것 같은 공간은 입구부의 외벽과 나선의 계단, 그리고 유선형을 한 인포메이션 데스크와 후면의 벽 등에서 그런 유기적인 디자인의 흐름을 느낄 수 있다. 백색의 유기적인 형태의 인포메이션 데스크와 후면의 벽체는 기능적인 장치이면서 동시에 외부의 곡선의 벽처럼 헤어디자인을 위한 살롱과 교육을 위한 공간이라는 것을 알리는 오브제 같다.

전체적인 평면은 기존의 석고문 주택에 대비되는 곡선의 벽이 대비를 이루는 구성으로 외부로는 폐쇄적이지만 내부에서는 중정으로 열린 구성을 취하고 있으며, 교육을 위한 공간도 천창을 개폐할 수 있게 디자인한 것이 인상적이다.

2010년에 비달 사순 아카데미가 레드타운이라는 홍팡에 2번째 공간을 오픈하였기에 홍팡이라는 창의 공간에 갈 기회가 있는 분들은 방문해보기 바란다.

www.kplusk.net

신천지 주변 지역 | 新天地 신톈디

알터 스토어

Alter Store

p.180
⑥

马当路 245号   3가티(GATTI) 스튜디오, 2010

알터 스토어는 신천지 스타일 빌딩 1층에 위치한 매장으로 계단식 구조로 이루어진 디스플레이대가 특징이다. 사방이 계단식 구조로 이루어진 매장은 네덜란드의 화가인 에셔의 초현실적이면서 무한하게 확장하는 그림에서 영감을 얻어서 디자인한 공간이다.

알터 스토어에서 판매하는 의상은 트렌디한 하이클래스의 제품이 대부분으로 고가이면서 디자인도 다른 것이 특징이다. 이런 제품들을 디스플레이하는 공간을 에셔의 초현실적인 그림에서 영감을 받아 계단식 구조가 무한하게 확장하는 초현실적인 분위기로 디자인하면서 제품을 보관하는 장소는 계단 구조의 하부를 활용하였다.

계단 구조에는 또 다른 계단 구조물이 떠 있는 것같이 연출하였으며, 캔틸레버 구조로 처리된 계단식 디스플레이대는 마치 부유하는 것처럼 연출하여 초현실적인 분위기를 표출하였다. 아주 단순하게 반복되는 구조나 반복되는 구조를 활용하면서 거꾸로 매달린 마네킹 등이나 부유하는 듯한 계단식 디스플레이대로 매장의 공간을 흥미롭게 연출하였다.

매장을 디자인한 3가티 스튜디오는 이탈리아 디자이너인 프란체스코 가티가 주관하는 디자인사무실로 상하이에도 지점이 있으며, 최근 난징의 자동차 박물관 현상설계에 당선되는 등 중국에서 대규모 프로젝트를 진행하고 있다.

www.3gatti.com

신천지 주변 지역 | 新天地 신톈디

상하이 센트럴 플라자

웡 & 오양, SIADR(상하이건축설계연구원), 1999

淮海中路 381号

상하이 센트럴 플라자는 화이하이중루에 면해 위치한 38층에 연면적 54,000㎡ 규모의 업무용 빌딩과 상업용의 기단부로 구성된 건축물이다.

청녹색 유리와 갈색의 석재가 대비를 이루는 3부 구성의 외관을 한 포스트모던 양식의 타워형 빌딩은 4층 규모의 기단부와 1911년 프랑스 조계지 시대에 세워진 2층 규모의 행정용 건물을 개수하여 상업시설로 사용하고 있다.

전체적인 빌딩 외관의 형태나 색채는 벽돌조의 역사적인 건축물의 맥락을 고려하여 디자인하였으며, 벽돌조의 색채를 고려한 갈색의 석재 마감과 보색인 청녹색 유리의 선택이나 고전적인 분위기의 형태 등이 그것이다.

홍콩의 건축사무소인 웡 & 오양에서 설계한 건축물의 명품 매장 등이 입주한 기단부 상업공간에는 천창이 있는 아트리움을 설치하여 폐쇄적인 분위기의 외관과 달리 밝은 분위기로 연출하고 있다.

www.wongouyang.com

랭햄 신천지 상하이 호텔, 안다즈 상하이

马当路 99号,   KPF+리 & 오렌지 어소시에이츠(건축), 르메디오스 심비다(랭햄 실내)+수퍼포테이토(안다
嵩山路 88号   즈 실내), 2011

상하이에 새로운 자매들의 등장이라고 소개된 362개 객실의 랭햄 신천지 상하이 호텔과 309개 객실의 안다즈 상하이는 신천지 근처에 바로 마주 보며 서 있는 24층 높이의 2개 동으로 구성된 호텔로, 육교로 연결되어 있다.

미국 건축사무소인 KPF가 설계한 두 동의 호텔은 연면적 62,000㎡ 규모로 그물망처럼 디자인된 외피를 한 곡선형의 외관이 인상적인 건축물이다. 비즈니스 지향의 랭햄 신천지 상하이와 레저 지향의 안다즈 상하이는 실내공간에서 현대적인 세련된 감성을 표현한 호텔이나 디자인의 분위기에는 차이가 있다.

르메디오스 심비다가 이끄는 심비다 스튜디오에서 디자인한 현대적인 실내공간에 중국적인 요소를 가미한 비즈니스 지향의 랭햄의 기단부에는 2,000㎡의 그랜드볼룸, 레스토랑과 바, 헬스클럽과 실내 수영장, 스파가 있다. 로비 라운지에서는 커피를 마시면서 커다란 창을 통하여 역사적인 거리인 신천지의 분위기를 즐길 수 있다.

랭햄의 도로 건너편에 위치한, 육교로 연결된 호텔인 안다즈 상하이는 랭햄과 외피의 디자인은 동일하나 레저 지향의 호텔답게 주출입구 앞에 위치한 분수, 저층부의 입면에 돌출된 번데기 같은 구조물,

랭햄 신천지 상하이 호텔, 안다즈 상하이

KPF+리 & 오렌지 어소시에이츠(건축), 르메디오스 심비다(랭햄 실내)+수퍼포테이토(안다즈 실내), 2011

马当路 99号,
嵩山路 88号

별동 같이 디자인된 부속동 등으로 분위기를 차별화시키고 있다.

하얏트의 체인인 부티크 호텔 개념의 안다즈 상하이는 스키모토 다카시가 이끄는 수퍼포테이토가 디자인한 공간으로 미니멀한 로비 라운지 상부에 설치된 번데기 같은 구조물이 실내외 공간의 포인트다.

금속으로 마감된 날렵한 형태의 번데기 같은 구조물은 외부에서는 호텔의 입구를 암시하는 장치이면서 실내공간에서는 라운지 상부에 설치된 오브제 같은 성격의 담소를 즐길 수 있는 공간이다.

기단부에는 15명 정도를 수용할 수 있는 작은 회의실에서부터 330명 수용의 연회실, 레스토랑과 바, 헬스클럽과 스파, 수영장 등이 부속시설로 있다.

호텔 외피의 ㄱ자형 창은 중국식 정원의 창에서 많이 보이는 패턴인 당나라 시대의 문양에서 추출한 것으로 역사적인 맥락을 건축물에 표현하고자 한 것이다.

www.kpf.com
xintiandi.langhamhotels.com
shanghai.andaz.hyatt.com

루이안광창 瑞安广场 | 신천지 주변 지역 | 新天地 신톈디

슈이온 플라자

淮海中路 333号　　루탕라이 아키텍츠, 1997

슈이온 플라자는 화이하이중루에 면해 위치한 26층에 연면적 78,000㎡ 규모의 업무용 빌딩과 상업용의 건축물이다.

갈색 석재로 마감한 기단부 위에 청색 유리의 커튼월로 마감한 장방형 매스의 빌딩 모서리에 원통형 타워가 포인트로 디자인된 외관을 한 건축물은 기단부의 석재로 마감한 매스와 유리 커튼월의 타워가 강한 대비를 이루고 있다.

외관에서는 장방형과 원통형 매스의 대비에 의한 현대적인 디자인처럼 보이는 건축물이나 기단부의 고전적인 오더를 형상화한 열주랑을 보면, 포스트모던적인 접근이 나타나고 있다. 실제로 자세히 보면, 원통형 매스와 대비되는 면도 곡선으로 처리하였음을 알 수 있다.

기단부의 디자인도 부분적으로 박공장식을 사용한 것이나 위계적인 구성, 원통형 타워 상부를 석재로 마감한 3부 구성, 피뢰침 같은 조형적인 요소는 아르데코 디자인을 참조하였음을 알 수 있다.

www.ltlarch.com.hk

K11 아트몰

p.180

B+H(브레그먼+하만) 아키텍츠+SIADR(상하이건축설계연구원), 2002
코카이 스튜디오, 2013(개수)

淮海中路 300号

K11 아트몰은 과거 홍콩 뉴월드 타워였던 건축물이다. 신천지 근처에 위치한 60층 규모에 연면적 135,200㎡의 복합용도의 빌딩으로 계단식 아르데코 양식을 현대화한 외관이 특징이다.

청색의 커튼월에 백색의 석재로 마감한, 고전적인 대칭축을 가지면서 계단식으로 셋백이 된 구성의 외관이 전형적인 1920년대의 지그재그 형식 아르데코 마천루에서 영향을 받은 것이 분명한 타워는 화이하이종루의 랜드마크다.

캐나다의 건축사무소인 브레그먼+하만 아키텍츠가 설계한 건축물은 업무공간인 상층부와 선큰된 광장을 둘러싼 저층 기단부로 구성되어 있다. 기단부에는 쇼핑몰, 회의, 식사와 유흥시설, 주차장이 있다.

최근 뉴월드 타워를 코카이 스튜디오에서 개수하여 예술과 쇼핑을 결합한 공간으로 조성하여 새로운 명소가 되었다. 상하이를 방문하는 사람들이라면 이제는 꼭 방문하여야 할 장소로 부각되고 있다.

상강광창 香港广场 신천지 주변 지역 / 新天地 신톈디

홍콩 플라자

淮海中路 283号   홍콩 폴 체 & 어소시에이츠, 1997, 2005(개수)

홍콩 플라자는 신천지 근처 화이하이루를 마주 보면서 있는 38층의 쌍둥이 건축물로 화이하이중루(淮海中路)의 관문 같은 역할을 하고 있다.

연면적 14만㎡의 커튼월로 마감한, 모서리가 곡선으로 처리된 날렵한 형태의 건축물은 아파트와 업무, 상업공간이 복합되어 있다.

홍콩의 폴 체 & 어소시에이츠가 설계한 공중회랑으로 연결되는 남, 북동으로 구성된 쌍둥이 건축물은 1~4층은 대형 쇼핑몰, 남측 동은 업무공간 용도의 동, 북측 동은 호텔 스타일의 럭셔리한 아파트가 입주해 있다.

기단부의 쇼핑몰이 있는 층에는 쇼핑몰과 레스토랑, 영화관, 카지노, 푸드코트 등이 들어서 있으며, 1층에는 애플 매장도 입점해 있다. 야간에 기단부의 곡면을 유리로 마감한 커튼월의 외피를 LED 조명에 의해 다양한 표정을 연출한다.

쌍둥이 건축물은 2005년 그 일부를 390개의 객실을 갖춘 서비스 아파트로 개수하여 장기 투숙하는 숙박객들이 이용하고 있다.

신천지 주변 지역 | 新天地 신텐디

상하이 플라자 상하이광창 上海广场

p.180
⑫

사이몬 콴 & 어소시에이츠, 2001   淮海中路 138号

상하이 플라자는 신천지 근처 화이하이루에 면하여 서 있는 44층, 연면적 8만㎡의 건축물로 6층의 기단부 위에 38층의 상층부가 서 있는 구성이다.

고층부의 38층은 최고급 업무공간, 6층 높이의 기단부는 쇼핑센터로 구성된 전형적인 업무와 상업공간이 복합된 용도의 건축물이다.

아트리움이 있는 화강석 마감의 기단부 주 출입구 부분만 6개 층을 유리로 마감하여 외부 도시공간의 흐름이 건축물 내부로 자연스럽게 연결되도록 하였다.

원호형의 천창이 인상적인 6층 구성의 기단부에는 쇼핑몰, 백화점, 레스토랑 등 상업공간이 들어서 있으며, 업무공간으로 구성된 상부층은 화강석 마감의 중층부 위에 날렵한 곡선의 유리로 마감한 고층부가 대비를 이루는 구성을 취하고 있다.

www.simonkwan.com.hk

더 브리지 8

建国中路 8-10号 | 히로카와 세이치 등, HMA 아키텍츠 & 디자이너스, 2004, 2005

타이캉루의 전자방(田子方 티엔즈팡)에서 200m 떨어진 곳인, 과거 프랑스 조계지에 위치한 더 브리지 8은 낡은 자동차 브레이크 생산공장을 개수하여 만든 15,000㎡ 규모의 창의공간이다.

더 브리지 8이란 명칭이 붙여진 것은 모든 건물 중 4를 제외한 7개 건축물이 계단과 다리로 연결된 교류의 다리라는 것을 상징하는 것이다. 벽과 지붕을 제거, 금속과 유리로 마감한 외관과는 달리 내부로 들어가면, 대부분 디자인 관련 업무공간으로 구성된 천창과 높은 천장이 있는 공간이 나타난다.

잰궈중루를 사이에 두고 도로 위를 다리로 연결한 7호 건물은 주로 애니메이션 관련 업체가 입주해 있

신천지 주변 지역 | 新天地 신텐디

더 브리지 8

p.181
⑬

히로카와 세이치 등, HMA 아키텍츠 & 디자이너스, 2004, 2005 建国中路 8-10号

다. 창의적인 디자인을 위한 인큐베이터로서의 역할을 위한 공간인 더 브리지 8은 도로 위에 연결된 다리처럼 디자이너들의 사고를 연결하면서 커뮤니케이션을 자극하는 촉매적인 공간으로 디자인하였다.

공장을 개수한 높은 층고를 가진 공간은 업무, 전시나 이벤트 등 다목적 공간으로 사용한다. 분리된 각 동들을 연결하면서 상부를 부분적으로 유리로 마감한 공간은 내외부의 경계가 모호한 공간으로 사이사이에는 녹지와 벽면에 담쟁이 넝쿨이 있는 다양한 구성을 한, 창의적인 사고를 유발하는 공간으로 변신시켰다.

공간을 돌아다니면 유리창을 통하여 디자인하는 사람들의 작업도 볼 수 있으며, 1층에는 카페와 디자인 관련 서적을 판매하는 서점도 있으니 건축이나 실내 디자인을 하는 사람이라면 들러보기 바란다.

www.hmadesign.com
www.bridge8.com

전자방

티엔즈팡 田子坊 | 신천지 주변 지역 | 新天地 신톈디

泰康路 210弄　1998

티엔즈팡은 상하이 타이캉루(泰康路)에 위치한 창의공간으로 현재는 창의공간이라기보다는 신천지와 또 다른 분위기를 즐기기를 원하는 관광객들을 위한 상업적인 거리 겸 예술구라고 하는 것이 옳을 것이다.

티엔즈팡은 1920~30년대에 걸쳐 형성된 공장들과 주택들로 이루어진 장소로 과거에는 서민들이 거주하는 허름한 밀집촌에 불과하였다. 이런 곳에 1998년 소수의 예술인들이 이곳으로 들어와 공방을 차리면서 창의공간으로서의 역사가 시작되었다.

이곳에 유명 예술인들이 공방을 마련하고, 점차 개성이 있는 공예품 상점들과 레스토랑, 커피숍들이 입주하면서 전통가옥인 석고문 주택과 골목길에 불과하였던 곳이 유명한 예술구가 되었다.

타이캉루 210롱(弄)은 특히 '티엔즈팡'으로 불리는데, 이 이름은 원래 화가 황융위(黃永玉)가 전국책(戰國策)에 등장하는 예술가 티엔즈팡(田子坊)의 이름을 본따서 부른 것이 유래가 되었다.

이곳은 시장과 연결된 주택가에 자연스럽게 형성

신천지 주변 지역 | 新天地 신텐디　　　　　　　　　티엔즈팡 田子坊

전자방

p.181
⑭

1998　　泰康路 210弄

된 장소이기에 주택들 외에도 작은 공장과 창고에서부터 커피숍과 레스토랑, 상점, 화랑, 전시장들이 입주해 있다.

방문하는 사람들이 전자방에서 주목할 공간은 일본의 디자인 잡지 카사 부르터스에서 추천한 베트남 요리 레스토랑인 메이, 프랑스인 디자이너 캐롤린 스타본하겐이 만든 라틀리에 만다리느, 레드닷 디자인이 디자인한 와인과 카페 바인 코뮨 등이다. 물론 이런 추천에 너무 매달리지 말고 분위기에 따라서 즐기기를..!! 사람들의 취향은 다 다르기 때문에..!!

이런 티엔즈팡은 2006년에 선정한 중국의 창의공간 중 최고에 선정되기도 하였다.

상하이신진지앙다쩌우디안 上海新锦江大酒店 | 신천지 주변 지역 | 新天地 신톈디

상하이 신 진지앙 호텔

长乐路 161号

왕텅 & 파트너스+SIADR(상하이건축설계연구원), 1990, 2009(개수)

상하이 신 진지앙 호텔은 43층, 연면적 64,000㎡ 규모의 원통형을 변형한 타워형 호텔로 582개의 객실을 갖추고 있다.

홍콩에 기반을 둔 왕텅 & 파트너스는 원통형을 변형한 형태로 디자인, 호텔의 객실 내에서 상하이 시의 전경을 즐길 수 있게 디자인하였으며 최상층부에는 회전식 레스토랑이 위치해 있다.

전면에 셋백된 구성을 취하고 있는 천창이 있는 기단부에는 400명을 수용하는 그랜드볼룸, 다목적 회의실, 헬스클럽, 실내 수영장, 사우나, 레저 및 엔터테인먼트 시설, 쇼핑공간과 비즈니스 센터 등이 있다.

천창이 있는 로비에 수직적인 누드 엘리베이터가 시각적인 포인트인 실내공간에는 현대적인 디자인에 중국적인 요소를 부분적으로 가미한 디자인을 선보이고 있다.

www.wongtung.com
jjtower.jinjianghotels.com

모리스 주택

모리스 & 어소시에이츠, 1917 　瑞金二路 118号

현재 루이진 호텔(瑞金賓馆)로 사용 중인 모리스 주택은 루이진얼루의 100에이커의 정원에 위치한 영국 고전주의 건축형식을 취한 주거용 건축물로 본관과 부속동이 연결된 L자형 평면을 취하고 있다.

중국 최대의 영자신문인 노스 차이나 데일리 뉴스의 창업자이면서 소유자이었던 E. H. 모리스 가문을 위한 모리스 주택은 1917년 건축된 2층 규모의 벽돌과 목구조 주택이나 규모가 웅대한 건축물이다.

다른 3채의 주택과 같이 있는 모리스 주택은 급한 경사 지붕에 적벽돌과 석재를 대비시킨 외관의 간결한 구성이 인상적이다.

1층은 외부에 원호형을 한 터스칸 양식의 쌍주식 콜로네이드로 구성하고 있는 주택은 실내의 계단실 전면에도 양편에 쌍주식 기둥을 설치, 웅대한 분위기로 연출하였다. 넓은 노천 베란다가 2층에 있는 주택은 적색의 서양식 기와가 덮여 있는 지붕에 벽난로의 굴뚝들이 돌출한 구성을 취하고 있다.

후에 상하이 지역 정부의 게스트하우스로 사용되었던 주택은 미국의 닉슨이나 인도네시아의 수카르노 대통령이 머물기도 하였으며 1979년 일반인들이 사용할 수 있는 호텔로 개장하기로 결정, 지금은 다른 3채의 주택을 개수, 루이진 호텔로 사용 중이다.

www.ruijinhotelsh.com

풀만 상하이 스카이웨이 호텔

상하이스거위얼쩌우디안 上海斯格威阔曼酒店

신천지 주변 지역 | 新天地 신텐디

打浦路 15号　B+H(브레그먼+하만) 아키텍츠, 장 마리 샤르팡티에, 2009

풀만 상하이 스카이웨이 호텔

B+H (브레그먼+하만) 아키텍츠, 장 마리 샤르팡티에, 2009

풀만 상하이 스카이웨이 호텔은 과거 오아시스 스카이웨이 가든 호텔이었던 지상 52층, 지하 2층 규모에 153개의 스위트를 포함한 645개의 객실이 있는 건축물로 다푸루에 위치하고 있다.

스카이웨이란 호텔명처럼 호텔에서의 전망을 확보하면서 최상층부를 보이드시키고 프레임만을 아치형으로 강조한 타원형 평면의 연면적 97,000m² 규모를 한 호텔은 6개의 레스토랑과 바, 회의실, 그랜드볼룸, 피트니스 센터, 실내 수영장과 스파 시설을 갖추고 있다.

여행자들은 49층과 50층에 위치한 스카이라운지형 레스토랑에서 식사를 하면서 동시에 와이탄과 푸둥 지역의 전망을 즐길 수 있다.

저층부는 인접한 골든 매그놀리아 플라자라는 쇼핑몰과 연결되어 있으며 타이캉루의 티엔즈팡이나 홍팡 같이 상하이의 예술과 문화를 즐기면서 휴식과 쇼핑을 즐길 수 있는 장소와 멀지 않은 장점이 있다.

또한 야간에는 최상층부를 조명에 의한 연출로 존재감을 부각시켜 지역의 랜드마크가 되고 있다.

http://pullman-shanghai.hotel.com

진지앙 호텔 북루(구 캐세이 맨션)

茂名南路 59号   파머 & 터너, 1929, 1951(개수)

진지앙 호텔 북루는 1929년 당시 캐세이 맨션이라는 14층 규모를 한 아르데코 양식의 고급 집합주택으로 빅터 사순의 소유였기에 사람들은 건축물 명을 사순과 발음이 비슷한 13층이라고 부르기도 하였다.

연면적 30,000㎡ 규모의 캐세이 맨션은 설계 당시 거의 매진되었던 건축물이었으나 공산국가 설립 후에 대다수 입주민들이 이사를 해서 1951년 호텔로 개수하였다. 16,500㎡의 정원에 숲이 우거진 가든 호텔 스타일인 진지앙 호텔의 북루는 195개의 객실을 갖추고 있으며 VIP를 위한 31개의 스위트룸은 모두 정원을 향하여 개방된 구조를 갖고 있다.

북루의 1, 2층에는 야마기와 준페이와 디자인 포스트가 디자인한 진루라는 중식당도 있다. 과거 닉슨 대통령이나 주은래(周銀來 저우언라이)도 머물렀다고 하는 진지앙 호텔은 과거의 역사적인 향기와 현대적인 시설이 조화를 이루고 있는 호텔이라고 할 수 있다.

북루의 바로 옆에는 43층 규모의 상하이 신 진지앙 호텔이 신구의 대조를 이루면서 인접하여 서 있으며, 건너편에는 1959년에 건축된 진지앙 그랜드 홀이 마주 보며 서 있다. 당시 연면적 1,200㎡의 진지앙 그랜드 홀은 1층 규모의 다목적 홀로서 SCADI(상하이 시민용건축설계원)에서 설계한 건축물로 중국 공산당 제8차 회의를 위해서 건축되었다.

1998년 10,980㎡로 증축한 홀은 외부는 오래된 느낌이나 내부는 현대적으로 개수한다는 원칙에 따라 디자인하였다.* 이곳은 1978년 닉슨 대통령과 키신저 보좌관이 상하이 성명을 발표하기도 한 역사적인 건축물이다.

홀의 후면에는 파머 & 터너가 1934년 건축한 18층 규모의 진지앙 호텔 중루(中樓)도 있으며, 중루 역시 과거 맨션 용도로 세워졌다.

1929년의 진지앙 호텔 북루에서부터 1934년, 1959년, 그리고 1989년에 세워진 진지앙과 관련된 건축물들을 보면, 상하이의 과거에서부터 현대로 이르는 역사의 흐름을 느끼게 될 것이다.

* 盧志剛 편, 米丈建築地圖:上海, 人民出版社, 2007, pp. 153-156 수정 인용

신천지 주변 지역 | 新天地 신텐디　　　　　　　　진쨩판디안배이러우 錦江飯店北樓

진지앙 호텔 북루 (구 캐세이 맨션)

파머 & 터너, 1929, 1951(개수)　　茂名南路 59号

오쿠라 가든 호텔 상하이

茂名南路 58号   A. 레오나르 & P. 베세르, 오바야시, 관광기획설계사, ECADI(화둥건축설계연구원), 1921, 1989(증축)

오쿠라 가든 호텔 상하이는 그 명칭처럼 대지 37,000㎡ 내에 34층, 연면적 59,352㎡의 타워형 호텔과 함께 28,000㎡의 정원이 있는 호텔이다.

프랑스 조계지에 위치한 호텔답게 기단부에 위치한 바로크 양식의 건축물은 1921년 A. 레오나르 & P. 베세르가 디자인한 상하이 프랑스 클럽으로 아

오쿠라 가든 호텔 상하이

A. 레오나르 & P. 베세르, 오바야시, 관광기획설계사, ECADI(화동건축설계연구원), 1921, 1989(증축)

茂名南路 58号

르데코 양식의 실내에는 수영장과 댄스 홀, 테니스 코트 등이 있었다.

80년대 타워를 증축 시에 상하이 시는 프랑스 클럽을 보존할 것을 요청하여 바로크 양식의 건축물과 1989년 오쿠라 호텔 그룹이 증축한 492개의 객실을 갖춘 타워형 호텔이 공존하게 되었다.

정원이 아름다운 오쿠라 가든 호텔 상하이에는 다목적의 연회장과 비즈니스 센터, 레스토랑과 바, 헬스센터 등이 있다.

외관이 프랑스풍인 호텔은 실내공간은 프랑스와 중국풍이 혼합된 아르데코 양식으로 진입부의 타원형으로 천장을 파서 설치한 화려한 샹들리에가 매달린 공간이나 몇 개 층을 오픈시킨 넓은 공간감을 가진 로비 라운지 등이 인상적이다.

야간에 방문하면 바로크 양식을 한 외관의 디테일이 조명으로 아름다운 건축물이라는 것을 알 수 있다.

www.gardenhotelshanghai.com

상하이 유리예술박물관

泰康路 25号　　2006

타이캉루의 신천지 길 건너편에 위치한 상하이 유리예술박물관은 3층 규모의 건축물로 유리로 된 외관에 스테인리스 망으로 만든 모란꽃 형상의 장식이 부착된 것이 인상적이다.

야간에 조명에 따라 변하는 화려한 외관의 박물관은 유리작품을 전시하는 공간 외에 유리 공예품을 판매하는 상점과 서점, 카페 겸 레스토랑을 갖추고 있다.

1층은 유리 공예품과 기념품을 판매하는 상점과 서점, 음식과 차를 즐길 수 있는 레스토랑, 2층과 3층에는 유리 공예 전시품을 전시하는 공간으로 구성되어 있다.

2층은 중국의 고대 유리 예술작품과 구미의 세계적인 거장의 작품을 전시하고 있으며, 3층에는 박물관을 만든 대만의 유명한 배우이었던 유리공예가인 양후이산(杨惠姗)의 대표작을 6개 존으로 나누어 전시하고 있다.

박물관에서는 유리작품을 감상하는 것뿐만 아니라 박물관 실내외에서 휴식을 취할 수 있는 공간도 마련하였다.

1층의 레스토랑 겸 카페에는 거대한 오리 형상을 한 조형물들이 식사나 차를 마시는 좌석 중간 중간에 설치되어 있어 유리예술박물관의 분위기와 맞게 연출하고 있다.

상하이보리이슈보우관 上海琉璃艺术博物館

상하이 유리예술박물관

p.181 ⑳

2006　泰康路 25号

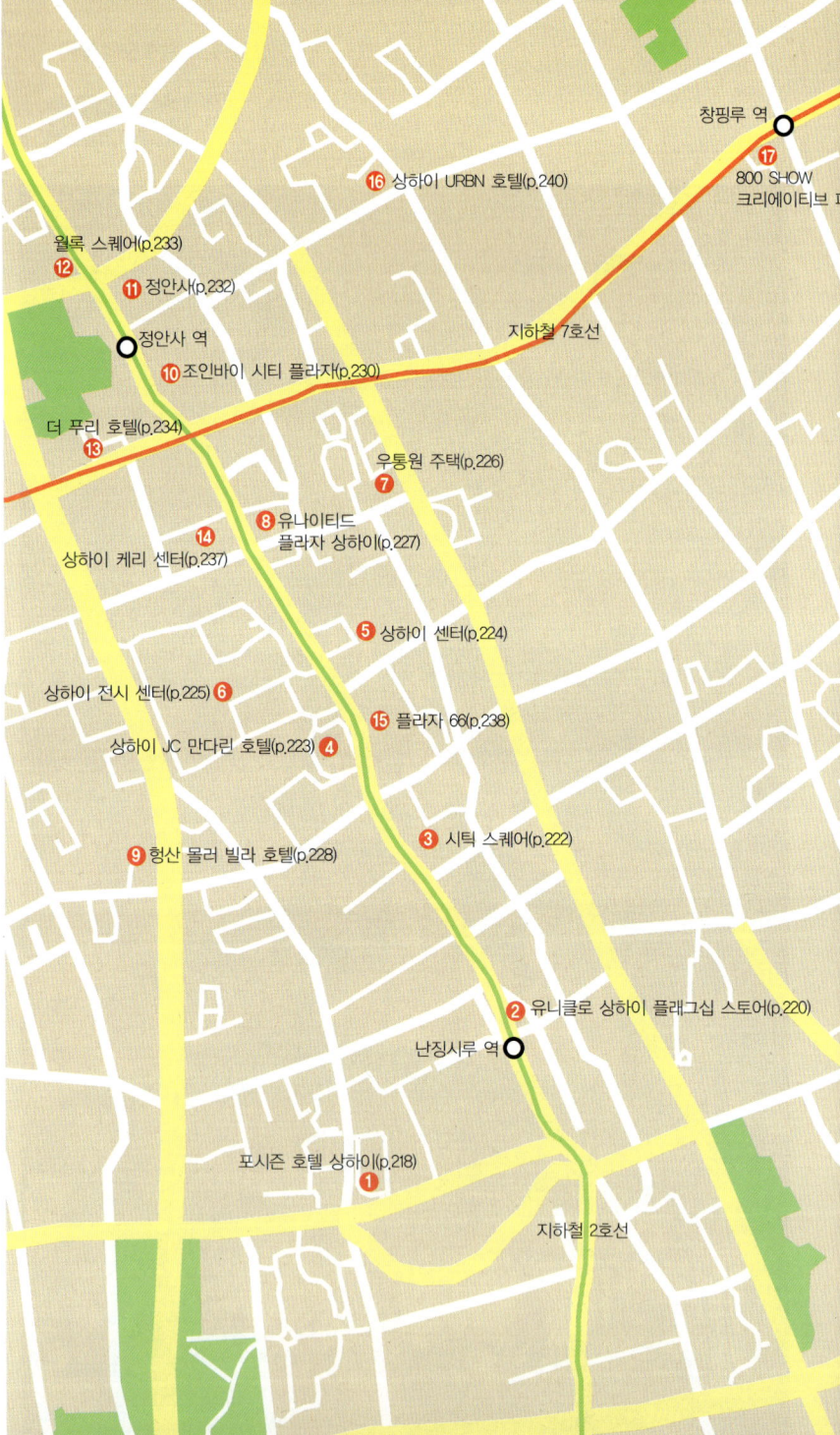

静安 징안

정안구 지역

정안 구 지역

상하이 중심부에 위치한 징안 구로 불리는 지역의 지명은 유명한 사찰인 정안사(静安寺 징안쓰)에서 유래한 것으로 1960년 징안 구로 명명되었다.

이 지역은 북측으로 푸퉈(普陀) 구, 자베이(闸北) 구, 서측으로 황푸(黄浦) 구, 남측으로 루완(卢湾) 구, 서측으로 창닝(长宁) 구를 경계로 하고 있으며 상하이의 오래된 상업지구 중 하나다.

난징시루와 연결된 지역은 정안사나 과거 중쏘 우호 기념회관인 상하이 전시 센터 같은 역사적인 건축물도 있으나 요즈음은 KPF의 플라자 660이나 P & T 아키텍츠의 시틱 스퀘어, 더 저드 파트너십의 조인바이 시티 플라자, 볼린 시윈스키 잭슨의 유니클로 상하이 플래그십 스토어가 있는 쇼핑 거리로 유명한 지역이기도 하다.

또한 많은 유명한 호텔들이 모여 있는 지역으로 차오 체 안 & 파트너스의 상하이 JC 만다린 호텔, 존 포트만의 상하이 센터, HOK 인터내셔널의 포시즌 호텔 상하이, 기존의 호텔들의 틀을 깬 구메세케이의 더 푸리 호텔, AOO 아키텍처가 디자인한 소규모 디자인 호텔인 상하이 URBN 호텔, 역사적인 건축물인 몰러의 빌라를 호텔로 개조한 헝산 몰러 빌라 호텔 등 다양한 호텔들이 있다.

또한 정안사 역 주변에는 KPF의 윌록 스퀘어 등이 들어서면서 징안 구 지역은 고급 상업 및 업무지구로서 발돋움을 하고 있다.

포시즌 호텔상하이

헝산 몰러빌라 호텔

더 푸리 호텔

스지쩌우디안 四季酒店 · 정안 구 지역 | 静安 징안

포시즌 호텔 상하이

威海路 500号 · HOK 인터내셔널+ECADI(화둥건축설계연구원)(건축), 리즈 로버트슨 & 프리맨 디자이너스 (실내), 2002

포시즌 호텔 상하이

HOK 인터내셔널+ECADI(화동건축설계연구원)(건축), 리즈 로버트슨 & 프리맨 디자이너스 (실내), 2002

威海路 500号

포시즌 호텔 상하이는 37층, 연면적 70,000㎡ 규모를 한 5성급 호텔로 439개 객실을 보유하고 있다.

전체적으로 L자형 평면을 한 호텔은 사거리를 향한 타워 매스를 수직적인 유리의 커튼월로 디자인하면서 상부에 피뢰침 같은 구조를 설치, 수직성으로 강한 중심성을 표현하였다.

이렇게 현대적인 외관에 아르데코적인 분위기를 가미한 타워로 디자인한 호텔은 수직적인 유리 커튼월로 실내에 전망을 제공하고 있다.

실내의 로비는 직선적인 외관과는 달리 14m 높이의 곡선으로 보이드된 공간으로 처리하여 넓고 쾌적한 공간감과 함께 부드러운 분위기를 제공하고 있다.

유리 커튼월로 마감한 긴 4층 규모의 기단부에는 라운지와 레스토랑, 컨벤션 시설, 헬스클럽 등을 배치, 외부의 자연을 조망이 가능하게 디자인하였다.

실내공간의 디자인은 중국적인 요소와 함께 아르데코적인 요소를 가미한 분위기로 디자인하면서 실내의 톤도 황제색인 황금색을 기조로 한 고급스러운 분위기로 연출하였다.

www.fourseasons.com/shanghai
www.hok.com

유니클로 상하이 플래그십 스토어

南京西路 969号 | 볼린 시윈스키 잭슨+지앙 아키텍츠, 2011

유니클로 상하이 플래그십 스토어는 난징시루에 위치한 기존 건물을 개수한 연면적 3,300㎡의 유니클로 제품을 판매하는 매장이다.

지하철 2호선 난징시루 역과 연결되어 있는 기존 5층의 원통형 외관을 한 건물을 주어진 3개월이라는 시간 안에 크게 훼손하지 않으면서 상업적인 성격의 공간으로 개수하기 위하여 미국 건축사무소인 볼린 시윈스키 잭슨은 외피를 타공이 된 금속패널을 설치하여 야간에 조명에 의한 연출로 부각시키는 것과 긴 평면의 일부에 마치 수정 같이 부정형한 형태의 빛의 터널을 수직으로 비스듬하게 관통시키는 방법을 채택, 해결하였다.

수직적인 빛의 터널은 주간에 빛으로 실내에 다양한 표정을 부여하는 동시에 터널 내부에는 유니클로 의상을 입힌 마네킹을 와이어에 연결, 수직으로 오르내리게 하는 디스플레이 공간으로도 사용하고 있다.

빛은 터널을 거쳐서 지하철로 연결된 통로의 부정형 구성의 유리벽까지 전달하도록 디자인하였으며 야간에는 조명에 의해 그 효과가 나타나고 있다.

사람들은 지하철을 이용하면서 유리 파티션 안에 전시되어 있는 유니클로의 제품을 접할 수 있어 마케팅에도 도움이 되도록 하였다. 원통형 전면 실내의 공간은 높은 천장고를 이용하여 유니클로 의상을 입은 마네킹들이 천장에서 움직이도록 연출하였다.

비교적 짧은 시간 안에 개수를 해야 하는 프로젝트이기에 빛이라는 요소, 그리고 빛의 파장이 갖는 부정형한 느낌을 형상화한 수직적인 빛의 터널, 그 빛을 지하철과 연결한 부정형 유리벽에 조명 효과와 함께 지하철 이용자들을 대상으로 한 홍보 효과 등으로 매장은 2012년 유로샵 상공간 부문에서 수상을 하였다.

www.bcj.com
www.jiangs.com.cn

여오이쿠상하이치찌안디안 优衣库上海旗舰店

유니클로 상하이 플래그십 스토어

볼린 시윈스키 잭슨+지앙 아키텍츠, 2011　南京西路 969号

중신타이푸광창 上海中信泰富广场

시틱 스퀘어

南京西路 1168号   P & T 아키텍츠+SIADR(상하이건축설계연구원), 2000

시틱 스퀘어는 난징시루의 플라자 66 바로 옆에 위치한 45층, 연면적 195,000㎡ 규모의 업무용 타워다. 수직적인 구성의 청색 커튼월에 등 간격의 은색 알루미늄 복합 패널과 층의 구역을 구분하는 검은색 패널의 배치로 변화를 준 3부 구성의 외관이 인상적인 건축물이다.

74,000㎡의 업무공간과 30,000㎡의 상업공간으로 구성된 건축물은 기준층 면적이 2,000㎡인 요철이 있는 평면의 타워 하부에는 긴 대칭적인 구성의 평면을 한 5층 높이의 기단부가 있다.

1920년대의 지그재그형 아르데코 마천루를 의식한 건축물은 기단부와 타워의 평면에서도 요철을 주어 그런 분위기를 표현하고 있다.

외관의 수직, 수평의 기하학적인 구성과는 달리 기단부 실내는 양단부가 원형으로 처리된 거대한 보이드 부분과 천창, 그리고 각 층을 연결하는 에스컬레이터가 외관과는 전혀 다른 분위기를 연출하고 있다.

1868년에 설립, 역사적인 와이탄의 아르데코 건축물들을 설계하였던 홍콩의 파머 & 터너가 전신인 P & T 아키텍츠는 과거 아르데코의 흐름을 재해석한 최상층부나 기단부에 관대(冠帶) 같은 지붕 구조물로 그런 역사적 건축을 계승, 재해석하였음을 보여주고 있다.

www.p-t-group.com

| 정안 구 지역 | 静安 징안

상하이 JC 만다린 호텔

상하이진창원화디쩌우디안　上海锦沧文华大酒店

차오 체 안 & 파트너스+SIADR(상하이건축설계연구원), 1990　　南京西路 1225号

싱가포르의 차오 체 안 & 파트너스 설계의 V자형 평면을 한 29층의 타워와 4층의 기단부로 구성된 상하이 JC 만다린 호텔은 수직적인 유리 커튼월에 의한 점층적인 형태의 외관이 인상적인 건축물이다.

515실의 객실이 있는 호텔은 120° V자형의 평면을 한 타워부를 단부에서부터 한 층씩 상승하는 구성을 취하면서 중앙의 코어 구조물에 의해 중심을 강조하였다.

연한 갈색으로 마감된 외관은 커튼월과 함께 주위의 녹지와 대비되어 그 존재감을 부각시키고 있다.

현대적인 디자인에 중국적인 요소를 가미한 실내공간으로 연출한 호텔 기단부에는 레스토랑, 바 겸 라운지, 커피숍 등과 함께 헬스클럽, 실내 수영장, 스파 시설이 있다. 기단부 역시 점층적인 구성의 형태로 실내공간에 채광이 가능하게 하여 밝고 개방적인 공용공간을 제공하고 있다. 또한 전면 구조물의 후면에 배경처럼 판상의 매스를 배치, 점층적인 구성을 강조한 것도 인상적이다.

www.ctaparch.com
www.meritushotels.com/en/hotelinformation/shanghai-jc-mandarin

정안 구 지역 | 靜安 장안

상하이 센터

南京西路 1376号

존 포트만+ECADI(화둥건축설계사무소)(건축), Aedas(호텔 실내), 1992

상하이 센터는 역사적인 건축물인 상하이 전시 센터 건너편에 위치한 호텔, 주거 및 업무 공간, 극장, 쇼핑센터, 레스토랑, 스포츠 시설에서 유치원까지 모든 도시기능이 집약된 복합형 건축물이다.

산(山)이란 한자 형상의 외형을 한 연면적 185,000㎡의 건축물은 중앙에 위치한 48층의 호텔을 중심으로 양측에 38층의 아파트가 배치되어 있다.

건축물의 기단부는 원통형 외관이 인상적인 7층 규모로 전시 홀, 극장, 업무공간, 쇼핑센터가 있다. 700실의 객실을 갖춘 더 포트만 리츠 칼튼 상하이 호텔과 500유닛의 아파트와 기단부 동들 사이에는 곳곳에 중정을 배치, 채광과 함께 조망, 환기 문제를 해결하고 있다.

호텔의 실내디자인을 한 Aedas는 디자인 콘셉트를 동서양의 다양한 문화가 공존하는 상하이의 역사적 배경을 고려, 중국이라는 지역성과 서구의 현대성을 가미한 성격을 암시하는 상하이의 밤이란 의미인 예상하이(夜上海)로 설정, 디자인하였다.

따라서 호텔의 실내공간 곳곳에서는 현대적인 분위기에 중국적인 요소가 가미된 연출을 느낄 수 있다.

www.ritzcarlton.com
www.shanghaicentre.com
www.portmanusa.com

상하이 전시 센터(구 중쏘 우호 기념회관)

세르게이 안드레예프+ECADI(화동건축설계연구원), 지앙 아키텍츠(개수), 1955, 2002(개수)

延安西路 1000号

상하이 전시 센터는 과거 중국과 러시아의 우호 기념관으로 러시아 건축가인 세르게이 안드레예프(Sergei Andreyev)가 설계한 러시아 바로크 양식을 한 건축물이다.

러시아의 경제, 문화적 업적을 전시할 목적으로 세워진 거대한 첨탑이 인상적인 건축물은 전형적인 러시아 바로크 양식으로, 유사한 러시아 전시 센터나 세인트 피터스버그에 위치한 해군본부에서 영향을 받은 것으로 추측하고 있다.

중앙 홀과 좌우에 전시관과 영화관, 회의실 등 센터의 건축물들을 중심축에 배치하면서 3개의 실외 광장에 면하여 주랑을 형성한 방법은 유럽 고전주의 양식의 궁전 배치 형식과도 유사하다.

연면적 80,000㎡ 규모를 한 건축물의 실내외의 장식은 러시아 고전주의 양식을 반영하였으며 세부 장식에는 당시 정치 분위기를 반영하는 기호와 중국 전통 양식의 장식과 도안이 부가되었다.

이 건축물은 1959년에는 공업용 전시관, 1968년에는 상하이 전시관, 1984년에는 상하이 전시 센터로 그 명칭이 변경되었다.

zh.wikipedia.org/zh/上海展览中心

우통원 주택

銅仁路 333号   라디슬라우스 휴덱, 1938

우통원 주택은 퉁런루에 위치한 외관이 녹색 타일로 마감된 4층 규모의 주거 용도의 건축물로 녹색의 집으로 불리고 있다.

철근콘크리트 구조를 한 유기적인 형상의 선박을 연상시키는 주택은 헝가리 국적의 건축가인 휴덱의 최후 작품으로 상하이 근대건축의 가장 성공적인 건축물의 하나로 거론되고 있다.

1920년대 계단식 아르데코 양식의 건축물을 주로 디자인하였던 휴덱이 상하이에서 건축한 마지막 작품은 30년대의 유선형 아르데코 양식으로 해석, 디자인한 것이 인상적이다.

모서리의 원통형 구조와 수평적인 구조의 대비가 인상적인 유선형의 선체를 연상시키는 건축물은 벽과 유리창이라는 솔리드와 보이드의 대비가 강렬하게 표현되어 있다.

엘리베이터가 설치된 최초의 주택이기도 하면서 에어컨과 함께 유리 천창이 있는 일광욕실이 있는 등 당시 신문에서는 극동에서 가장 호화로운 주거의 하나라고 평하기도 하였다. 한때는 만다린 스카이 레스토랑으로 사용하였다.

정안 구 지역 | 静安 징안　　　　　상하이쭝신다싸 上海中欣大厦

유나이티드 플라자 상하이

리쭈위안 & 파트너스, 2002　　南京西路 1468号

유나이티드 플라자 상하이는 난징시루에 위치한 지상 43층, 지하 2층에 연면적 66,000㎡ 규모의 업무용 타워로서 꽃의 형상을 추상화시킨 최상부의 디자인이 인상적인 건축물이다.

타이완의 세계적인 건축가인 리쭈위안(李祖原)이 설계한 건축물의 외형은 중국식으로 기원하는 말인 '꽃이 만개하면 부자가 된다'는 의미를 형상화한 것으로, 그의 건축철학인 의미와 상징의 공생을 표현한 것이다.

건축물의 각 층 면적은 1,455㎡에서 2,800㎡ 사이로 기준층 높이는 2.5~2.8m로 설계하였다. 메인 로비 층은 6.6m의 층고에 대리석과 화강석으로 마감하고 펜던트 조명을 설치하여 고급 업무공간의 분위기를 연출하였다.

리쭈위엔은 대만의 초고층 건축물인 타이페이 101 빌딩을 설계한 건축가로 저층 기단부의 육중한 기둥들이 그의 디자인의 강력함을 보여주고 있다.

www.cylee.com
www.unitedplaza-shanghai.com

헝산 몰러 빌라 호텔

陝西南路 30号   화거(華盖)건축사무소, 1936, 2001(개수)

헝산 몰러 빌라 호텔은 해운업계의 거물이었던 영국계 스웨덴인 에릭 몰러가 1936년에 지은 북구 양식의 개인 주택을 헝산 그룹에서 2001년 호텔로 개조한 건축물이다.

북구 스칸디나비아 양식의 주택은 벽돌조, 목조, 철근콘크리트조라는 6개 부분으로 구성되어 있으며, 메인 동은 3층 규모의 주택으로 2단의 경사각으로 디자인된 첨탑형 지붕이 인상적이다.

몰러의 딸이 꿈에서 본 환상의 궁전을 모티브로 하였다는 주택은 1927년부터 건축하여 10년만인 1936년에 완성하였으며, 지붕에 있는 많은 벽난로용 굴뚝과 타이산(泰山) 타일로 마감한 외벽 등 일견 복잡한 외형을 하고 있다.

해운업으로 성공한 몰러는 실내공간에서는 계단에 의한 다양한 레벨을 통한 공간 체험과 함께 호화 크루즈를 연상시키게 디자인하였다.

방문한 사람들은 중국적인 요소를 부분적으로 가미한 실내공간을 감상하면서 경마를 좋아하였던 몰러가 정원에 만든 말의 동상을 보면서 시간을 거슬러 감정이입을 시켜 보기 바란다.

청일전쟁 후 유태계이기도 했던 몰러 일가가 몰락하면서 일본 군인들을 위한 클럽, 국민당의 특무기관, 공산주의 청년당 상하이 위원회 본부 등으로 사용하다가 1989년 상하이의 역사적인 건축물로 지정되면서 개수하였다.

2001년 유럽풍의 호화스럽게 디자인된 43개의 객실이 있는 헝산 몰러 빌라 호텔로 변신하였기에 1930년대의 역사적인 공간을 체험하고 싶은 사람들은 한 번 숙박해보는 것도 좋을 것이다.

www.mollervilla.com

정안 구 지역 | 靜安 징안

형산마러베수판뎬 衡山馬勒別墅飯店

형산 몰러 빌라 호텔

화거(華盖)건축사무소, 1936, 2001(개수)   陝西南路 30号

조인바이 시티 플라자

쩌우빠이청스광창 久百城市广场

정안 구 지역 | 静安 징안

南京西路 1618호   더 저드 피트너십 인터내셔널+ECADI(화둥건축설계연구원)(건축), Aedas(실내), 2003

지상 9층, 지하 1층에 연면적 9.5천㎡ 규모를 한 조인바이 시티 플라자는 정안사 근처의 난징시루 사거리에 위치한 백화점 용도의 건축물이다.

파도가 치는 듯한 곡선 흐름으로 구성한, 타일 마감의 외관이 인상적인 건축물은 지상층은 백화점과 소매공간, 지하층은 슈퍼마켓과 식음공간으로 구성되어 있다.

계곡적인 디자인을 선호하는 저드 파트너십 공간의 다른 버전처럼 보이는 쇼핑공간은 언뜻 보면, 다른 건축가의 작품처럼 보이기도 하나 자세히 보면 그 흐름을 느낄 수 있다.

외부에서 어느 정도 계단을 올라가서 진입하는 방식이나 실내공간 역시 유기적인 구성이면서 계단으로 연결되는 레벨 차가 있는 구성은 내외부가 하나의 유기적인 계곡 같은 흐름으로 연결되고 있음을 알 수 있다.

그러나 전체적인 동선을 위한 공간이 수퍼 브랜드 몰보다 작기 때문에 광장 같이 장소 만들기를 위한 공간이 제대로 인지되지 못하는 단점이 있다.

유동하는 흐르는 공간은 계곡처럼 호기심을 유발하고 있으나 저드 파트너십의 이벤트 같은 프로그램의 부재로 그들만의 독특한 디자인이 프로그램을 통해서 시너지를 얻지 못하는 것이 아쉬운 공간이다.

www.ecadi.com
www.aedas.com

정안 구 지역 | 静安 징안   쪄우빠이청스광창 久百城市广场

조인바이 시티 플라자

p.214
⑩

더 저드 피트너십 인터내셔널+ECADI(화둥건축설계연구원)(건축), Aedas(실내), 2003   南京西路 1618号

정안사

南京西路 1686号　ECADI(화동건축설계연구원)(복원), 247, 1999(복원)

정안사는 난징시루에 위치한 불교 사원으로 강남 지역의 유구한 역사에 영향을 주었던 명찰 중 하나다.

오나라 때인 247년 당승회(唐僧会 탕성훼)가 건축한 정안사는 과거 중원사(重元寺 총위엔쓰)로 불리던 사찰로 영태선원(永泰禅院 용타이찬위안)으로 불리다가 1008년에 정안사로 개칭하였으며, 남송시대인 1216년에 현재의 장소로 이전하였다.

사찰은 원나라 이후 몇 번 재건 후에 태평천국의 난에 모두 파괴되었으며 1921년에 삼성전(三圣殿)을 건축, 1999년에 대규모로 복원하였다.

사찰 경내의 8곳의 명소는 적오비, 하자담, 용천 등 정안 8경으로 명명하면서 널리 알려지게 되었으나 지금은 남아 있지 않으며, 사찰의 정문 앞에 위치한 용천은 천하 제6천의 하나로 거론되었다.

명 태조 때에 동종을 주조하여 지금도 사찰의 보물로 남아 있다. 정안사의 주요 건축물은 대웅보전(大雄宝殿), 삼성전(三圣殿), 천왕전(天王殿)으로 중국의 사찰을 한 번 방문하고자 하는 사람들에게 권하고 싶은 장소다. 매년 음력 4월 8일에는 3일간 축제가 열려서 많은 사람들로 북적이기도 한다.

www.shjas.org

윌록 스퀘어

KPF+레이 & 오렌지, 2010 南京西路 1717号

윌록 스퀘어는 난징시루의 정안사 공원 건너편에 위치한 61층에 연면적 114,000㎡ 규모를 한 업무공간 용도의 건축물이다.

도로에 대하여 마름모형의 평면을 한 타워는 상층부로 올라가면서 종이처럼 날렵한 곡선의 두 면이 만들어내는 축선을 강조한 인상적인 건축물로 전 세계를 대상으로 업무공간을 디자인하는 KPF의 균형과 비례미를 갖춘 디자인을 보여주고 있다.

브랑쿠시의 조형물 같은 미니멀한 형태와 비례미, 세부 디테일의 완벽한 디자인 등이 상하이의 국제금융센터에서부터 국내의 삼성 본사에 이르는 많은 기업들이 빌딩을 전 세계적인 건축사무소인 KPF에게 설계를 맡기는 이유이기도 하다.

건너편에 위치한 정안사 공원과 푸리 호텔이 있는 파크플레이스 프로젝트에 호응을 하는 듯한 서비스드 오피스 개념을 도입한 윌록 스퀘어는 공원 측으로 최대한 마름모형 평면의 비스듬한 두 면을 면하게 하여 도심 속에서 공원 측 전망을 최대한 확보하였다.

기단부에는 날렵한 캐노피와 주랑을 만들어 사람들이 비를 맞지 않고 다니도록 하였으며 기단부의 남서 측에는 2,000㎡ 규모의 상가를 조성하였다.

www.kpf.com
www.wheelocksquare.com

더 푸리 호텔

常德路 1号

구메세케이+ECADI(화동건축설계연구원)(건축), 라얀 디자인 그룹+
자야 & 어소시에이츠(실내 및 조경), 2009

푸리 호텔은 상하이 시의 중점개발거점인 징안(静安) 공원 인접 지역에 위치한 업무 및 상업공간, 호텔 등으로 구성된 연면적 202,687㎡의 상하이 파크플레이스 프로젝트의 일부다. 파크플레이스 프로젝트는 도시와 자연을 연결하는 매체로 계획하여 단상에 테라스가 있는 저층부, 공원과 일체화된 외부공간으로 디자인한 친환경적인 대규모 프로젝트다.

자연-녹색, 도시-은색을 상징하는 녹색 톤의 파사드를 한 업무용 타워는 공조부하 절감과 실내환경 향상을 위한 에어플로어 윈도우 시스템 등을 채택한 첨단 업무공간이다. 브랜드 숍, 레스토랑, 푸드코

더 푸리 호텔

구메세케이+ECADI(화동건축설계연구원)(건축), 라얀 디자인 그룹+
자야 & 어소시에이츠(실내 및 조경), 2009

常德路 1号

트가 있는 지상 6층, 지하 3층의 상업시설은 지하철과 연결되어 있다. 도시형 리조트 개념으로 디자인한 디자인 호텔인 푸리 호텔은 230개의 객실을 갖춘 26층의 호텔로 레스토랑, 헬스클럽, 사우나, 자쿠지, 수영장과 함께 아난타라 스파 그룹에서 운영하는 스파를 갖추고 있다.

호텔명인 푸리(璞麗)는 아름다운 보석이라는 의미로 실내디자인과 조경은 호주의 라얀 디자인 그룹과 인도네시아의 자야 & 어소시에이츠가 디자인하였다.

가라앉은 어두운 톤의 중국적인 분위기를 연출하기 위하여 전통적인 재료인 목재, 브론즈, 벽돌들로 마

더 푸리 호텔

常德路 1号   구메세케이+ECADI(화동건축설계연구원)(건축), 라얀 디자인 그룹+
자야 & 어소시에이츠(실내 및 조경), 2009

감하면서 간접조명의 사용과 열주랑 같은 조명 벽의 연출, 그리고 곳곳에 전통적인 중국 가구와 소품에 의해 중국적인 분위기를 느낄 수 있는 갤러리같이 디자인하였다.

프론트 데스크 겸 로비 라운지인 길이 32m의 티크로 만들어진 롱 바나 메인 로비 옆에 위치한 벽난로가 있는 도서관 등은 실내에서 인상적인 풍경을 제공한다.

특히 롱 바에 앉아서 커피를 한 잔 마시고 있노라면, 발 같은 얇은 구조물을 통하여 보이는 외부에 위치한 500㎡ 면적의 수공간과 바람에 따라 움직이는 나무들..!! 그런 모습들이 도심 속에 탈피한 정지된 시간을 경험하는 것 같은 환상적인 느낌을 부여한다.

도서관 역시 고요한 수공간을 바라보면서 사람들과 대화나 명상을 즐길 수 있는 곳으로 디자인을 전공하는 사람들이라면 상하이에서 가보아야 할 장소로 추천하는 공간이다.

대나무들이 서 있는 진입부, 그리고 나타나는 석상들과 금속 망으로 보이는 풍경들, 그리고 조명의 벽으로 이루어진 입구 홀과 그 후 나타나는 외부의 자연이 보이는 롱 바 등 세심하게 디자인한 호텔로 필립 스탁 등이 디자인한 호텔들과 차별화된 감각을 보여주고 있다.

호텔은 부분적인 디자인뿐만 아니라 공간의 흐름 속에서 중국의 문화와 전통을 체험하게 하는 공간으로 차이나 트래블 어워드에서 2011년 중국의 베스트 디자인 호텔에 선정되었기에 디자이너와 건축가들이 상하이에서 필히 체험하여야만 할 코스다.

www.kumesekkei.co.jp
layan.net
www.thepuli.com

정안 구 지역 | 静安 징안 　　　　　　　　　　　상하이쨔리쭝신 上海嘉里中心

상하이 케리 센터

데니스 라우 & 닉춘만 아키텍츠+SIADR(상하이건축설계연구원), 1998　　南京西路 1515号

상하이 케리 센터는 난징시루의 유나이티드 플라자 상하이 건너편에 위치한 26층, 연면적 5,725㎡ 규모를 한 커튼월 마감의 업무용 건축물이다.

3층 높이의 상업공간이 있는 기단부를 갖춘 센터는 현대적인 재료인 커튼월로 마감하였으나, 3부 구성을 한 포스트모던 스타일의 건축물이다.

수정처럼 각이 진 기준층 평면을 한 센터는 외관에서도 커튼월로 마감한 각진 형태로 주간에 태양 각도 변화에 따라 다양한 표정을 갖게 된다.

정면은 대칭을 강조한 외관이지만, 후면의 최상부는 모자처럼 처리하여 보는 시점에 따라 다르게 보이게 디자인하였다.

홍콩의 건축사무소인 데니스 라우 & 닉춘만 아키텍츠는 센터를 현대적인 분위기이면서도 아르데코의 도시인 상하이의 맥락을 고려한 건축물로 디자인하였다.

www.dln.com.hk

플라자 66

南京西路 1266号　　KPF+프랭크 펭 아키텍츠+ECADI(화둥건축설계연구원), 2001, 2006(증축)

플라자 66은 업무용의 용도인 66층의 본동과 46층의 부속동을 연결하는 5층에 50,000㎡ 규모로 한 쇼핑몰 기능의 저층부동으로 구성된 복합용도의 건축물이다.

66층의 본동 층수에서 플라자 66이란 명칭이 유래한 연면적 140,263㎡ 규모의 건축물은 커튼월로 구성된 2001년 건축된 곡선형의 본동과 2006년 증축된 직선형의 부속동이 대위법적인 구성을 이루고 있다.

마치 신사복을 입은 날렵한 모습의 두 사람이 대화를 하며 서 있는 것 같은 건축물은 도시적인 스케일을 고려한 고층부와 휴먼 스케일인 기단부의 조화를 디자인의 포인트로 하고 있다.

이 복합 용도를 한 건축물의 5층 높이의 기단부는 천창 구조를 원추, 다이아몬드, 아몬드형 등으로 분절시켜 중정을 연결시키면서 형태에 변화를 부여하고 있다.

상하이에서 가장 성공한 상업적인 개발의 하나인 플라자 66의 쇼핑몰은 영등포의 타임스퀘어를 연상시키는 곡선형의 통로를 따라 전개되는 쇼핑공간으로 크리스찬 디올에서 프라다에 이르는 명품매장이 들어서 있다.

진입부의 5층까지 보이드된 실내광장은 에스컬레이터로 오르고 내리면서 다양한 공간 체험을 하게 한다.

www.kpf.com
www.plaza66.com

정안 구 지역 | 静安 징안 　　　　　　　헝룽광창 恒隆广场

플라자 66
⑮ p.214

KPF+프랭크 펭 아키텍츠+ECADI(화둥건축설계연구원), 2001, 2006(증축)　　南京西路 1266号

상하이 URBN 호텔

胶州路 183号　　A00 아키텍처(건축), 타이스 카브랄(실내), 2008

정안 구 지역 | 靜安 징안

상하이야유여쩌우디안 上海雅悅酒店

상하이 URBN 호텔

p.214
⑯

A00 아키텍처(건축), 타이스 카브랄(실내), 2008

膠州路 183号

상하이 UBRN 호텔은 프랑스 조계지였던 쟈오저우루에 위치한, 중국 최초의 저탄소 녹색성장 개념의 부티크 호텔로 26개의 객실을 갖추고 있다.

부티크 호텔이 있을 것 같지 않은 나무가 우거진 거리에 위치한 호텔은 1970년대의 우체국을 개수한 건축물로 외부에서는 목재로 마감한 게이트 같은 구조물만이 눈에 들어올 뿐이다.

게이트를 통해 오픈 카페 겸해서 사용하고 있는 중정으로 들어가면, 창의 루버 구조와 담쟁이가 어우러진 4층 규모의 건축물을 발견할 수 있다.

재활용 벽돌로 개수한 호텔의 실내로 들어가면, 프론트 데스크 후면의 벽면에는 가방들을 루이뷔통 매장 같이 설치미술처럼 연출하여 여행자들이 숙박하는 공간임을 암시하고 있다.

프론트 데스크와 연결된 로비 라운지 겸 레스토랑은 오픈 키친을 중심에 두고 레벨 차이를 두어 공간에 변화를 주면서 조닝을 하였다. 오픈 키친을 사이에 두고 개방적인 공간과 약간은 폐쇄된 공간으로 조닝한 식음공간은 분위기에 따라 공간을 선택할 수 있도록 한 디자인적인 배려로 생각이 된다.

중정으로 열려진 라운지 겸 레스토랑의 한편에는 낮은 벽체를 한 원형 좌석이 있으며, 원형 좌석 후면에는 사용하였던 주방용 프라이팬들이 설치미술처럼 벽면을 장식하고 있다.

최근 프리츠커 상을 받은 왕수의 닝보 역사박물관이나 중국 예술학교 샹산 캠퍼스에서 재활용 건축 소재와 폐기와를 사용한 것처럼 상하이 URBN 호텔에서도 실내와 건축공간에 재활용 재료를 사용하면서도 공간을 디자인적으로 연출하였다는 것을 보여주는 공간이나, 중요한 것은 디자인에 있어 질적인 문제가 전혀 없는 공간을 만들어내고 있다는 점이다.

호텔을 방문한 후, 기억에 남는 것은 프론트 데스크와 로비 라운지를 구분하는 전돌 같은 재료로 마감한 벽체다.

왕수의 프리츠커 상 수상이 약진하는 중국 세에 대한 반영일 수도 있지만, 그 역사를 품은 것 같은 재료의 느낌에서 시간이라는 켜로 쌓여진 중국의 가능성을 느낄 수 있었다.

www.urbnhotels.com

정안 구 지역 | 静安 징안

800 SHOW 크리에이티브 파크

常德路 800号 　　로곤 아키텍츠, 2009

과거 상하이의 전기 모터 공장 대지 1.5만㎡에 있던 15개 건물들을 개수하여 만든 창의공간인 800 SHOW 크리에이티브 파크는 주로 패션쇼, 이벤트와 레저, 레스토랑, 갤러리 등 창의적인 업무를 활성화시키기 위하여 만든 공간이다.

목조 트러스 지붕의 높은 천장고를 한 120m 길이의 공장과 1920~30년대의 건축된 식민지 시대의 빌라, 1960~70년 건축된 업무용 빌딩 등을 개수한 크리에이티브 파크는 장차 상하이에서 국제적인 패션 브랜드를 위한 매혹적인 장소이면서 패션 산업망 확장의 중요한 고리 역할을 하기 위해 원래의 건축적인 잠재성을 살리는 방향으로 개수하였다.

파크의 건축물들은 하나의 축과 두 개의 윙 같은 건축물들로 구성, 축이 되는 높은 천장고를 한 공장동과 패션 관련 업무공간 기능의 남측 윙, 상업 및 레저공간인 북측 윙으로 구성하였다.

방문 당시 축이 되는 건축물에서 한국 관련 방문행사 이벤트가 열리고 있어 반가웠으며, 파크는 지하철 7호선과 직접 연결되어 있어 접근성이 좋았던 공간..!!

www.logon-architecture.com
www.800show.net
www.creativecity.sh.cn

800 SHOW 크리에이티브 파크

로곤 아키텍츠, 2009 常德路 800号

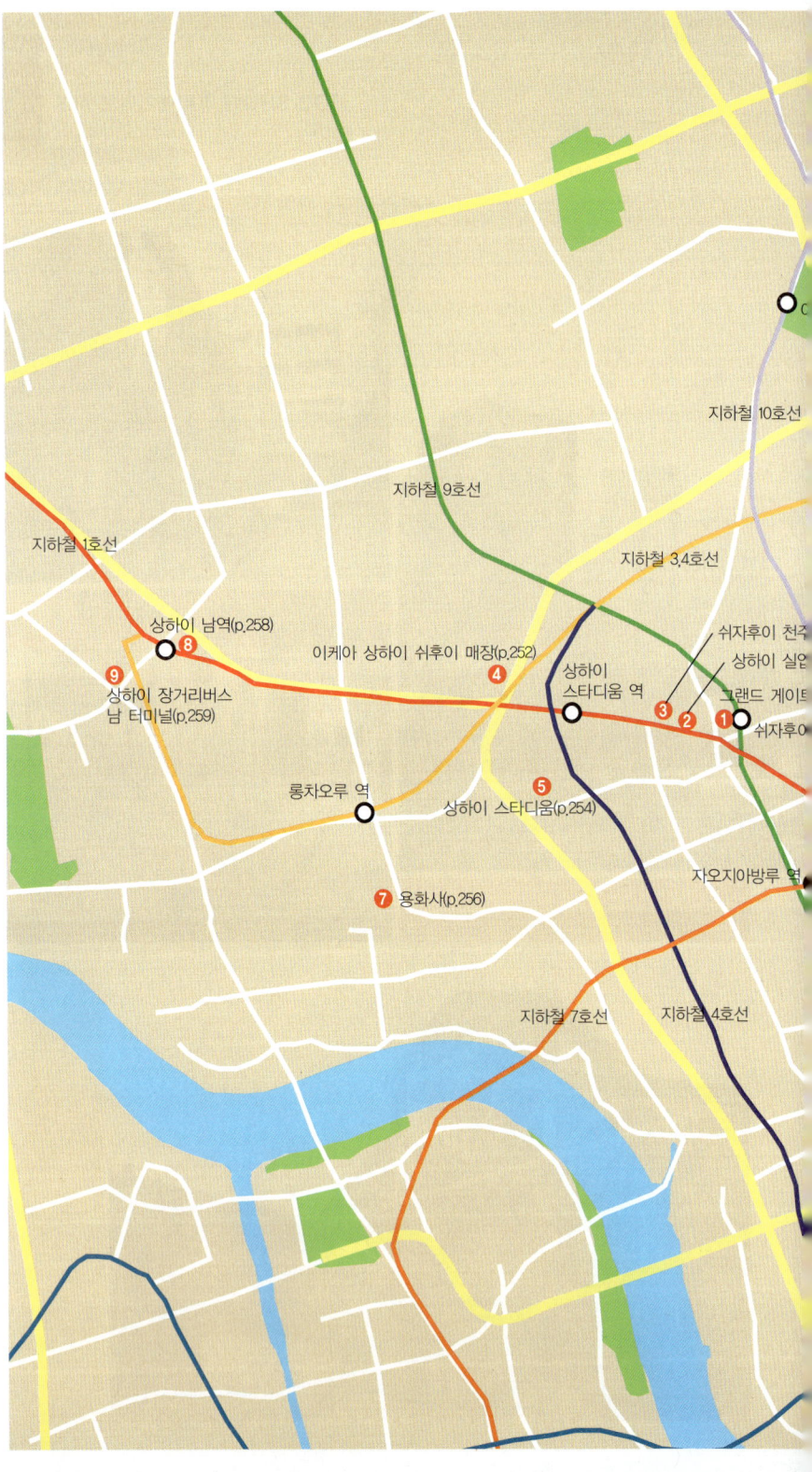

LV 빌딩 라베뉴

옌안시루 역

상하이 도서관(p.255)
상하이 도서관 역

徐家汇 쉬자후이

서가휘 지역

서가휘 지역

서(徐 쉬) 씨 집안의 사람들이 모여 있는 지역이란 의미를 지닌 특이한 지명인 상하이의 쇼핑중심지 쉬자후이(徐家汇)는 상하이 남서부 쉬후이(徐汇) 구에 위치하고 있다.

이곳은 명 말기의 과학자이며 정치가인 서광계(徐光启 쉬광치)가 1607년 예수회 선교사를 이곳에 초청하여 포교시키고 서양 문물을 도입, 성당을 세운 지역으로 중국 천주교 전도의 중심지가 되었다.

상하이 시내 남쪽 경계에 위치한 지역은 상하이 근대문화의 발신지이면서 동시에 상하이에서 손꼽히는 번화한 거리로 헝산(衡山) 끝자락에서 화산루(華山路), 차오시베이루(漕溪北路), 자오지아방루(肇嘉浜路), 헝산루(衡山路)가 만나는 합류점이다.

현재는 현대화의 상징인 백화점, 전화국, 극장, 병원, 여관 등의 공공시설이 있는 번화가로 인근에는 상하이 체육관, 상하이 수영장 등이 있다.

또한 중국 4대 명문의 하나인 교통(交通 지아통) 대학과 상하이 도서관, 상하이 중심기상대, 상하이 천문대 시간관측소 등이 있다.

또 난단루(南丹路)에 있는 광치(光启) 공원 내에는 서광계의 묘지가 있으며 상하이 최대의 교당인 쉬자후이 천주교 교당이 공원 내에 있다. 성당은 1910년 재건된 것으로 중국에서 가장 큰 규모를 자랑하며 이를 중심으로 신학교, 도서관, 천문대, 병원 등이 있다.

이 지역은 천주교당 외에도 상하이에서 가장 오랜 역사를 가진 대규모의 사찰인 용화사도 위치하고 있는 역사적인 장소다.

즉, 쉬자후이 지역은 상하이를 가끔 찾는 방문객들에게는 잘 알려져 있지 않는 지역으로 상하이 부자들이 가장 선호하는 거주지로서 역사가 있는 전통적 상업지역이기도 하다.

교통 중심지에 위치한 상업지역으로 대형 백화점과 상가들이 밀집해 있어 유동인구가 많으며, 거대한 관문을 연상시키는 그랜드 게이트웨이라고 불리는 강후이광창, 태평양 백화점, 후이진 백화점 등의 대형 백화점이 밀집해 있으며 돔형의 외관이 인상적인 미라성(美羅城 메이뤄청), 태평양 디지털 상가 등 대형 전문상가들이 있다.

미라성은 싱가폴 메이뤄 지주회사가 설립한 회사로 둥근 외관이 눈에 크게 띄는 건축물로 서점, 레스토랑, 안경점 등이 있으며 3층에는 악기와 음향기기, 5층은 극장, 지하 1~2층은 디지털 제품을 전시하여 판매하는 공간으로 젊은이들의 약속 장소로 유명하다.

바로 옆에는 대규모 전자상가인 태평양 디지털 상가가 있으며, 상가는 현재 상하이와 이웃 도시를 통털어 최대의 디지털 판매단지다.

최근 서가휘 지역의 동화 대학 건너편 입지에 일본의 아오키 준과 리 & 오렌지가 협력하여 설계한 상하이 LV 빌딩 라베뉴가 오픈하였기에 지도에 명기하였다.

루이뷔통 매장 등이 있는 24층 규모의 장화 같은 유기적인 외관의 건축물은 이 지역의 새로운 명소이기에 한 번 방문해 보기 바란다.

과거 천주교 전도의 중심지인 서구 근대문명의 발신지이면서 교통 요충지인 쉬자후이는 상가의 화려함 속에서 오랜 전통의 흔적이라는 신구가 공존하고 있어 정감이 가는 곳이다.

쉬자후이 천주교당

이케아상하이 쉬후이매장

용화사

그랜드 게이트웨이

虹桥路 1号   칼리슨 아키텍처+프랭크 펭 아키텍츠+ECADI(화동건축설계연구원), 1999

홍콩 그룹이 투자하여 건축한 쇼핑, 엔터테인먼트, 업무, 주거, 호텔이 복합된 330만㎡ 규모의 건축물로 지하철 쉬자후이 역에 인접해 위치하고 있다.

그랜드 게이트웨이라는 관문 같은 외형을 한 복합 용도의 건축물은 쇼핑공간 용도의 7층 규모를 한 기단부에 위치한 52층을 한 두 개의 업무용 타워와 34층 규모의 두 개의 주거용 타워, 9층 규모의 서비스드 레지던스로 구성되어 있다.

마치 사람들이 중앙 기단부에 스타워즈의 로봇 R2-D2가 자리를 잡고 있는 것 같다고 말하는 돔 지붕을 한 쇼핑공간은 지하 1층, 지상 6층 규모로 400여 개의 매장과 함께 5, 6층에는 다양한 음식을 즐길 수 있는 푸드코트가 있다.

백색으로 마감된 쇼핑공간의 보이드된 공간에 움직이는 에스컬레이터와 엘리베이터의 역동적인 움직임은 실내 안에 또 다른 수직적인 거리를 보는 것 같은 느낌을 부여하고 있다.

그랜드 게이트웨이는 쉬자후이를 상업적인 거리로 명성을 날리게 한 대표적인 건축물로 중국에서 규모 면으로도 큰 것으로 알려져 있다. 건너편에는 미라성(美羅城 메이뤄청)이라는 전자제품을 판매하는 백화점인 돔형의 외관이 인상적인 건축물도 있으니, 시간이 있으면 방문해 보기 바란다.

www.callison.com

상하이 실업 빌딩

ECADI(화동건축설계연구원), 일본 HMA(실내 개수), 1996, 2007(실내 개수) 漕溪北路 18号

상하이 실업 빌딩은 지하철 쉬자후이 역 근처에 위치한 40층에 1,400㎡ 면적을 한 업무용 빌딩으로 마치 각 모서리를 원통형 매스로 연결한 것 같은 형상을 한 랜드마크형의 건축물이다.

8층의 기단부 위에 서 있는 빌딩은 중간부분은 청색 유리 커튼월과 백색 타일이 수평적인 스트라이프 구성을 하고 있으며 최상층부는 네 개의 원통형으로 구성된 투구 같은 모습을 취하고 있는 포스트모던 양식이다.

기단부의 정면 부분을 추상적인 기하학 패턴으로 장식한 건축물은 2007년 일본의 HMA 건축사무소에서 미니멀한 양식으로 실내공간을 개수하였다.

실제 평면을 보면, 후면은 사각형으로 처리하였으나 거리에서 보이는 전면부의 모서리를 곡선으로 처리하여 부드러운 느낌을 주는 건축물로 디자인한 것처럼 어반 스케일에서의 형상과 휴먼 스케일에서의 느낌을 같이 고려하여 디자인한 것을 알 수 있다.

쉬자후이 천주교당

蒲西路 158号   W. M. 도드월, 1910, 1985(첨탑 복구)

쉬자후이 대로변에서 조금 들어간 푸시루에 위치한 쉬자후이 천주교 성당은 아편전쟁 후에 상하이에 건축한 첫번째 천주교 성당이다.

동서 측에 50m 높이를 한 두 개의 첨탑이 있는 프랑스 고딕양식의 성당은 라틴 십자가형의 바질리카식 평면을 한 건축물로 동시에 2,500명이 예배를 볼 수 있는 상하이 최대 규모다.

네이브와 양 주랑으로 구성된 실내공간의 주랑 바깥 측에는 각각 한 개 열의 기도실이 있으며, 후면부에 반 8각형 배치를 하면서 중앙에 주 제단을 설치하였다. 건축가 도드월(W. M. Dodwall)이 설계한 벽돌과 석조로 건축한 쌍 첨탑의 성당은 외부는 적벽돌로 마감하였으며 스테인드글라스로 된 문과 창은 상부를 첨두아치로 디자인하였다.

성당 내에는 석재로 만들어진 다발 기둥들과 볼트식 천장, 그리고 빛과 그림자가 만들어내는 공간의 분위기가 종교적인 느낌을 연출하기 충분하다.

성당 내에는 19개의 제단이 있어 대 제단 중앙에는 정교한 조각의 예수상과 성모상이 있으며, 성모상은 1919년 파리에서 제작한 것이다. 성당은 문화대혁명 시기에 첨탑이 파괴되었다가 1985년 복구되기도 하였다. 성당 옆에는 수도원, 박물관, 도서관, 천문대, 유아원 등을 건축하여 동아시아 선교의 중심이 되었다.

방문할 당시 일요일이어서 성당에는 많은 사람들이 예배를 보고 있었으며, 성당 곳곳의 디테일을 보면서 수난의 역사를 돌이켜 보는 것도 의미가 있을 것이다.

p.244 ③

쉬자후이 천주교당

W. M. 도드월, 1910, 1985(첨탑 복구) 蒲西路 158号

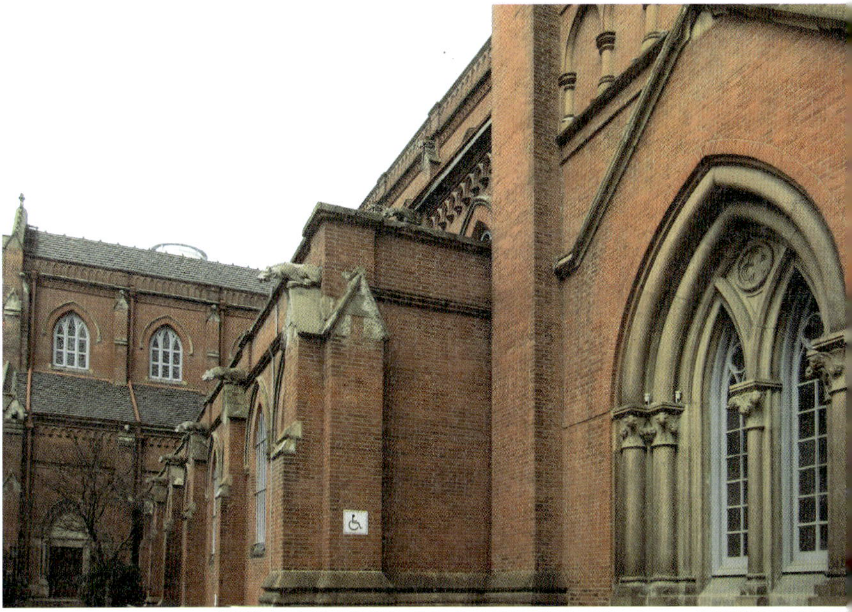

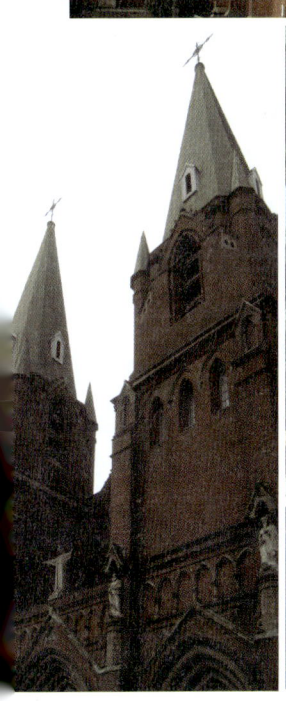

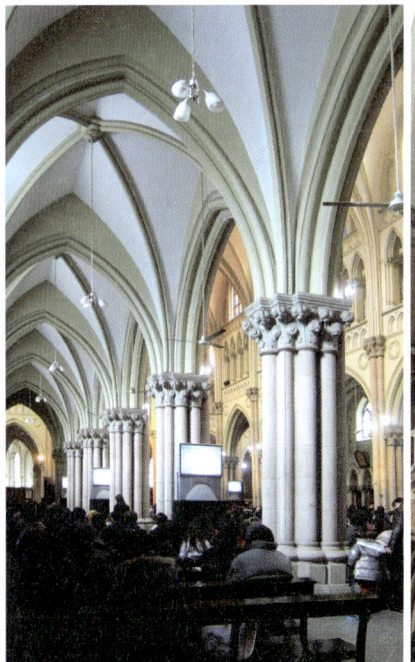

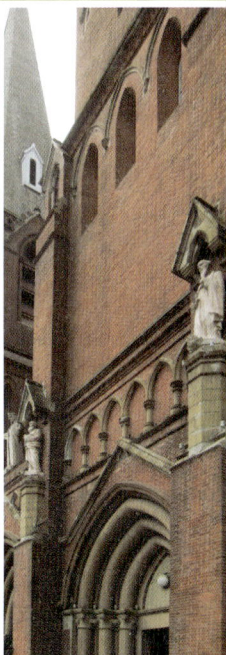

이케아 상하이 쉬후이 매장

漕溪路 128号   2003

이케아는 스웨덴의 다국적 가구 기업으로 저가형 가구, 액세서리, 주방용품 등을 생산, 판매하는 기업으로 좋은 디자인과 경제적인 가격, 그리고 손수 조립할 수 있는 가구로 유명해졌다.

이런 디자인과 실용성에 경제성까지 갖춘 가구 및 생활용품 전문점인 이케아 상하이가 2003년 상하이를 시작으로 오픈하였다.

이케아 상하이 쉬후이 매장은 아시아 최대 규모로 가구와 생활용품을 주제별로 세팅하여 연출한 57개의 코너들에서 사람들은 방의 레이아웃과 함께 디자인 아이디어를 얻을 수 있는 곳인 동시에 경제적인 제품들을 구매할 수 있다.

1943년 잉바르 캄프라드가 스웨덴에 설립한 이케아는 조립형 가구에 의한 운반, 저장 및 물류비용의 절약, 고객 스스로 조립하여 제조업자와 상점의 비

이케아 상하이 쉬후이 매장

2003　　漕溪路 128号

용 절약에 의한 생산비 절약으로 경제적인 가격이면서 심미성, 내구성을 갖춘 가구와 생활용품을 구매할 수 있는 곳이다.

이케아 상하이는 2층으로 구성된 공간에 주방과 욕실용품, 조명, 가구, 유아용품 등에 이르는 코너로 세분화되어 있으며 각 코너별로 제품을 사용해 볼 수 있는 공간을 마련한 것이 특징이다.

실내디자인이나 건축과 관련된 관광객들이 경제적인 디자인 생활용품을 선물로 구매하려면 한 번쯤 방문해야 할 공간인 동시에 디자인의 아이디어를 얻을 수 있는 곳으로 이케아 푸드코트에서는 경제적인 비용으로 음식을 즐길 수 있다. 최근에는 상하이 푸둥의 베이차이(北蔡)에도 이케아 매장이 생겼다.

www.ikea.com/cn/en/store/shanghai

상하이 스타디움

天钥桥路 666号   SIADR(상하이건축설계연구원), 1997

상하이 스타디움은 세계 30위 규모로 8만 명을 수용하는 다목적 경기장으로 8만 명의 스타디움이라고 불리고 있다.

현재는 축구 경기장 용도로 사용되는 36,000㎡ 규모의 건축물은 1997년 제8회 중국 전국체육대회가 상하이에서 열렸을 때 건축된 스타디움으로 베이징 국립경기장이 2008년에 완공되면서 중국에서 2번째로 규모가 큰 경기장이 되었다.

외부는 원형, 내부는 타원형을 한 골조 구조를 통하여 말안장과 같은 역동적인 형태가 돋보이는 스타디움은 유백색의 반투명 막 구조로 지붕을 덮고 있다.

2008년 하계 올림픽 기간에 축구 예선전 경기장으로 사용되었던 스타디움에는 리갈 상하이 이스트아시아 호텔도 있다. 바로 옆에는 1975년 같은 건축사무소에서 설계한 원형의 상하이 체육관이 있으며, 체육관에서는 배구, 농구, 핸드볼, 체조와 탁구 경기를 할 수 있다.

www.ssc.sh.cn

상하이 도서관

SIADR(상하이건축설계연구원), 1998 淮海中路 1555号

상하이 도서관은 기단부에 서 있는 등대 같은 외관을 한 28층의 탑형 건축물로 중국에서 두 번째로 큰 규모다.

과거 상하이 도서관은 1952년에 설립하여 현재 상하이 미술관인 구 경마장에 위치하고 있었으나 1998년 연면적 83,000㎡ 규모에 3,036석의 열람석을 갖춘 도서관을 지금의 장소에 신축하였다.

신축된 도서관은 2개의 고층과 1개의 저층으로 구성하였다. 점층적으로 셋백한 구성의 현대적인 외관을 한 탑형의 도서관은 실내공간에서는 후면에 위치한 정원을 향해 커튼월 마감의 보이드시킨 공간을 개방, 외관과는 달리 도서관 실내에서 생활하는 사람들에게 개방적인 분위기를 제공하고 있다.

정원 측에 면한 보이드된 공간에는 엘리베이터와 계단을 배치하여 오르내리는 사람들에게 활력을 부여하게 디자인하였다.

또한 본동의 홀은 4개 층 정도가 보이드된 공간에 천창을 설치한 밝은 환경의 광장처럼 디자인, 지식광장이란 콘셉트의 도서관에 맞게 책을 읽으면서 학문을 연마하는 사람들이 모여서 대화를 하는 광장처럼 연출하였다.

1,300만여 권의 책이 소장되어 있는 도서관에는 고서, 문헌, 종합, 신문, 사회과학, 자연과학, 외국어와 CD 등 20여 개의 대형 전문 열람실과 함께 집안 족보나 편지, 중문·영문의 근대 간행물 같은 역사적인 자료에서부터 고대와 현대음악, 희귀 음반, 음악테이프 등이 소장되어 있다.

www.library.sh.cn

롱하쓰 龙华寺 | 서가휘 지역 | 徐家汇 쉬자후이

용화사

龙华路 2853号 | 242, 977(개축), 1983(개수 및 복원)

용화사

242, 977(개축), 1983(개수 및 복원) 龙华路 2853号

상하이에서 가장 오랜 역사를 가진 큰 규모의 사찰인 용화사는 242년 삼국시대에 오나라의 손권이 홀로 사는 어머니를 위해 지은 건축물이다.

용화사란 이름은 이 세상에 와서 중생을 제도할 미륵불이 깨달음을 얻었던 용화수 나무에서 유래한 것으로, 사찰의 현재 모습은 청나라 광서제(光緒帝) 때 송나라의 칠당가람(七堂伽藍) 양식으로 새롭게 건축한 것이다.

칠당가람이란 승려의 생활과 수행에 필요한 강당, 탑, 식당, 종루, 경장, 금당, 승방 등의 건물 배치로 입구 맞은편에는 40.4m 높이의 7층 팔각탑인 용화탑이 세워져 있어 용화사의 위용을 자랑하고 있다.

탑 아래는 미륵불의 화신인 포대화상이 미소를 지은 채 관광객을 맞이하고 있다. 천황전 좌우측에는 각각 고루와 종루가 있으며, 3층 높이의 종루에는 가장 중요한 볼거리인 6.5t 무게의 용화만종이 안치되어 있다.

종루에서 새해가 되면 타종 행사를 하기에 전국 각지에서 관광객들이 모여든다.

오래된 불경과 문서를 보존하는 장경루도 빼놓기 아까운 볼거리로 명나라의 신종 황제가 기증한 2m의 명대 불상이 안치되어 있다. 당나라 때 파괴되었던 사찰은 북송 시대인 977년 복원되었다가 문화 혁명기에 파괴되어 1983년 완벽한 개수와 복원이 이루어졌다.

1959년 문화유적으로 지정된 사찰은 입장 시에 입장료를 내면 향 한 다발을 쥐어주어 사람들은 향을 가지고 가서 기원을 드린다.

http://en.wikipedia.org/wiki/Longhua_Temple

상하이 남역

프랑스 국영철도 AREP+ECADI(화동건축설계연구원), 2006

국제현상설계에 당선, 실현된 상하이 남역은 상하이 남서쪽에 위치한 원형의 철도역으로 2006년 확장 후 핵심 교통 요지의 역할을 담당하게 되었다.

여러 개의 레벨이 있는 원형 주거에서 디자인 콘셉트를 취한 남역은 마치 UFO가 내려앉은 것 같은 하이테크한 이미지의 철도역으로 디자인하였다.

세계 최초 원형 구조로 디자인하면서 상부의 원형 돔과 하부의 사각형 대합실을 결합, 열차와 여행자에게 효율적인 동선과 쾌적한 환경을 제공하고 있다.

255m 직경의 지붕은 투명한 폴리카보네이트, 타공 금속판 등을 결합한 구조로 역의 실내공간을 빛에 의한 밝은 공간으로 디자인하였다. 실내공간 역시 하이테크한 세련된 디테일과 밝은 공간으로 여행자들에게 쾌적한 환경을 제공하며 야간에는 조명에 의해 지역의 랜드마크가 된다.

12개의 대합실에 4,000여 명의 승객을 수용할 수 있는 역은 각 레벨마다 다른 기능들을 제공, 단순한 기차역의 기능을 넘어서는 복합적 기능의 건축물이다. 남역은 북쪽에 위치한 상하이 역과는 달리 홍차오 공항과 가까워 주변의 항저우나 쑤저우로 가기 위한 교통기관의 역할을 담당한다.

www.arep.fr

상하이 장거리버스 남 터미널

ECADI(화동건축설계연구원), 2006　　老沪闵路 399号

상하이 장거리버스 남 터미널은 남역의 남동 측에 위치한 20,000㎡ 규모의 버스용 터미널로 속도감을 표현한 금속 마감의 날렵한 지붕 구조가 인상적인 건축물이다.

인접한 원형의 상하이 남역과의 관계를 고려하여 부속 동처럼 디자인된 터미널은 유선형의 본 동에 실내 광장 역할을 하는 원형의 콩코스가 부가된 구성을 한 건축물로 유리의 커튼월과 금속제 지붕, 하이테크한 분위기를 순화시키는 갈색의 테라코타 패널로 이루어져 있다.

말단 부분의 비행기 날개를 연상시키는 유선형 지붕 구조와 갈색 테라코타 패널로 마감된 코어의 대비가 건축물의 기능을 상징하는 터미널에는 14개의 매표창구가 있는 1,000㎡의 홀과 2,000㎡의 대기공간, VIP실 외에 은행, 레스토랑, 경찰서 및 매점 등이 있다.

터미널에서는 항저우, 닝보, 쑤저우 등으로 가는 버스들이 출발한다.

www.ecadi.com

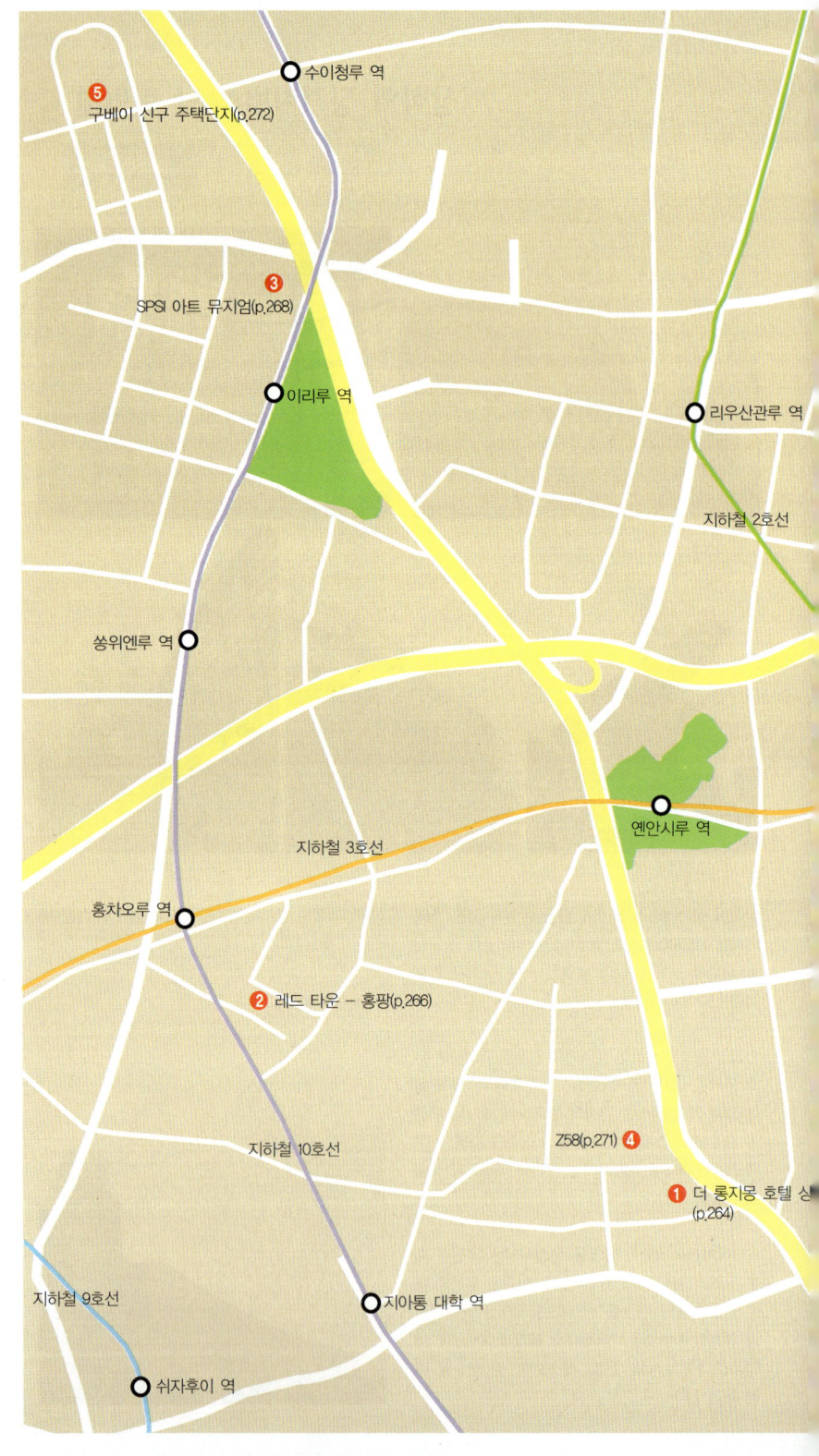

장저구 지역

长宁 창닝

쭝산공원 역

장쑤루 역

장저 구 지역

장저(长宁; 창닝) 구는 상하이 서부에 위치한 서울의 서대문으로 불리는 면적 38㎢의 지역으로 동측으로 징안(靜安) 구, 서측으로 자딩(嘉定) 구, 남측으로 민항(闵行) 구와 쉬후이(徐汇) 구, 북측으로 푸퉈(普陀) 구를 경계로 하고 있다.

상하이에서 다섯 번째 규모인 구로서 홍차오(虹桥) 개발구와 구베이(古北) 신구가 있다.

홍차오 개발구는 홍차오 국제공항과 도심 사이에 위치한 중국 최초의 대외경제개발구로서 민싱(闵行), 차오허징(漕河泾) 개발구와 함께 하이테크와 대외무역, 관광 분야에서 새롭게 떠오르는 지역이다.

구베이 신구는 상하이 10대 경관의 하나인 유럽 분위기를 모방한 지역으로 이국적인 운치를 느낄 수 있다.

짙은 녹음이 우거진 아름다운 환경은 마치 외국에 온 것 같은 느낌을 느끼게 한다.

창닝 구에는 아키텍토니카가 설계한 더 롱지몽 호텔 상하이, 그리고 근처에 위치한 쿠마 켄고가 디자인한 조명회사의 사무실 겸 전시공간인 Z58, 왕얀이 설계한 미니멀한 공간인 SPSI 아트 뮤지엄 등이 있다.

더 룽지공 호텔상하이

레드 타운

SPSI 아트 뮤지엄

더 롱지몽 호텔 상하이

상하이롱즈몽리징다쩌우디안 上海龙之梦丽晶大酒店 | 장저 구 지역 | 长宁 창닝

延安西路 1166号 | 아키텍토니카+ECADI(화둥건축설계연구원)(건축), 윌슨 & 어소시에이츠(실내), 2005

과거 더 리젠트 상하이로 불리던 더 롱지몽 호텔 상하이는 53층에 511개의 객실을 갖춘 호텔 용도의 건축물로 옌안시루에 면하여 위치하고 있다.

지하철 예안시루 역이나 장쑤루 역에 내려서 보면, 마치 3개의 큐브들이 비스듬하게 쌓여 있는 해체적인 형상을 한 건축물이 보인다.

연면적 135,000㎡ 규모의 건축물은 리젠트 그룹 최초의 중국 내 호텔로 외관은 스트라이프와 사선을 이용한 역동적이면서 현대적인 분위기의 외관을 하고 있다.

대부분의 상하이의 호텔들이 역사적인 분위기를 고려, 아르데코를 현대적으로 해석한 외관의 호텔이 많은 데 비해 더 롱지몽 호텔 상하이는 아키텍토니

더 롱지몽 호텔 상하이

아키텍토니카+ECADI(화둥건축설계연구원)(건축), 윌슨 & 어소시에이츠(실내), 2005

延安西路 1166号

카 특유의 자유분방한 디자인이 표출된 외관과 공간을 체험할 수 있다.

윌슨 & 어소시에이츠에서 디자인한 실내공간도 아키텍토니카가 설계한 공간적인 골격인 보이드된 공간에 돌출된 역동적인 형태의 계단, 사선의 비스듬한 구조에 맞추어 현대적인 분위기로 디자인하였다.

아키텍토니카는 여의도에 완공한 IFC도 설계하였으며, 외관에서 롱지몽 호텔과 비슷한 분위기를 감지할 수 있어 상하이에서 새로운 분위기의 호텔 공간을 경험하기를 원하는 건축이나 실내디자인을 전공하는 사람들이 한 번 방문해야 할 공간이다.

www.agoda.com/asia/china/shanghai/the_longe-mont_shanghai_hotel.

홍팡 红坊 | 장저 구 지역 | 长宁 창닝

레드 타운 – 홍팡

淮海西路 570号   제임스 브리어리+BAU 인터내셔널, 2006

5만㎡ 규모의 입지를 갖춘 레드 타운, 즉 홍팡은 1989년까지 철강을 생산하던 철강 공장을 2006년 예술문화 단지로 변신시킨 창의공간이다.

기존의 ㄱ자형 평면을 한 철강 공장과 신축한 건축물들이 중앙에 위치한 야외 조각정원을 중심으로 배치된 단지는 푸른 잔디와 함께 조형물들이 전시되어 있는 전시공간이면서 휴식공간이고 한편에 위치한 디자인 및 건축설계사무소에서는 작업을 하는 창의공간이다.

레드 타운 – 홍팡

제임스 브리어리+BAU 인터내셔널, 2006 淮海西路 570号

조형물들이 야외에 전시되어 있는 잔디로 덮인 조각정원이 자연스럽게 건축물의 지붕과 연결된 랜드스케이프형 단지는 마치 건축물과 조경의 경계가 없는 것처럼 디자인, 예술, 건축의 경계를 허문 예술문화 공간이다.

3개의 지역으로 구분되어 있는 연면적 18,000㎡, 3층 규모의 예술문화 단지는 11,000㎡의 업무공간과 2,600㎡의 대형 전시공간, 1,400㎡의 아트 갤러리, 2,000㎡의 카페와 바, 레스토랑, 1,000㎡의 워크숍 공간으로 구성되어 있다.

철강 공장의 높은 천장고를 활용한 대형 전시공간은 천창을 이용한 채광과 다양한 레벨을 이용한 공간적인 연출이 가능하다.

잔디가 덮인 조각정원에 다양한 조형물들이 서 있는 홍팡은 엄마 손을 잡고 놀러 나온 아이들이 조형물들 사이로 뛰어다니며 함께 노는 풍경을 볼 수 있는 것처럼 일반인들도 예술과 문화를 향유할 수 있는 공간이다.

다른 창의공간과는 달리 조형물 위주로 전시되어 있는 홍팡의 천장고가 높은 기존의 전시공간에서 느껴지는 공간감은 디자이너나 건축가들에게도 공간적 영감을 주는 장소이기도 하다.

단지 내에는 비달 사순 아카데미 2호점과 타란타 크리에이션스가 디자인한 레드 타운 오피스나 다른 디자이너 사무실도 있으니 시간이 있다면 한 번 방문해보기 바란다.

www.redtown570.com
www.bau.com.au

SPSI 아트 뮤지엄

金珠路 111号　　왕안, 2010

SPSI 아트 뮤지엄

왕얀, 2010　金珠路 111号

SPSI 아트 뮤지엄은 창닝 지역에 위치한 미니멀한 외관을 한 3층에 1,700㎡ 규모의 박물관용 건축물로 SPSI는 상하이 유화 및 조각학교의 영문명 약자를 따온 것이다.

과거 유화 및 조각학교의 건물을 개수한, 무광 처리한 석재 마감의 본 동 매스에 녹슨 금속 망으로 마감한 반투명 매스가 사선으로 관통하면서 입구를 암시하고 있는 건축물은 외관 자체가 하나의 오브제처럼 느껴지게 디자인하였다.

다각형 본 동 평면 좌측에 계단실과 화장실로 이루어진 코어가 부가된 구성의 건축물은 기존 공간의 구조를 살리면서 최소한의 평면 및 형태적 조작의 공간의 역할을 충분하게 하도록 디자인한 것을 보면서 건축가 왕얀의 세심한 감각에 놀라게 된다.

현대미술의 전시를 위한 500㎡ 규모의 전시공간은 비스듬한 사선의 금속 벽을 따라 실내에 진입하면, 천장고가 높은 백색으로 마감한 미니멀한 전시공간이 나오고 평면의 좌측부에 배치된 거대한 계단을 통해 2층에 올라가게 된다. 2층에서도 거대한 계단의 구조물의 개구부를 적절하게 절단하여 고요한 백색의 공간에 매스와 빛, 그리고 노출된 천장과 높은 천장고가 만들어내는 침묵적인 공간은 예술을 위한 구도자들의 작품을 전시하는 공간처럼 느껴진다.

전시를 본 후에는 우측에 있는 엘리베이터를 타고 내려오도록 하여 전시공간의 동선 흐름을 해결하였다. 사선의 금속 망 마감을 한 벽체는 1층에서 VIP를 위한 중정을 형성하여 도심 속의 또 하나의 침묵적인 공간을 조성하였다.

'Less is More'라는 미스 반 데 로에의 말처럼, 미니멀한 조각이나 건축이 최소한의 공간적인 조작과 물성의 효과적인 사용으로 최대한의 효과를 얻는 것이라고 생각할 때, 건축가의 디자인은 상하이 서부 지역의 외곽에 있는 건축물을 방문하는 사람들에게 최소한의 후회 대신에 최대한의 만족을 줄 것이다.

왕얀이라는 건축가가 어떤 사람이고 또 다음 작품은 어떤 것이 있는지를 궁금하게 만든 건축물로 방문하던 날 유화 작품들과 함께 빛과 그림자를 이용한 조각 작품들은 전시공간과 절묘하게 공간과 조화를 이루었던 기억이 새롭다.

은둔하는 구도자를 찾아가는 마음으로 한 번 방문해보기를 강력 추천하는 건축물이다.

www.gooood.hk

270 상하이여우다오위안미수관 上海油雕院美术馆设计　　　　　장저 구 지역 | 长宁 창닝

p.260 ③

SPSI 아트 뮤지엄

金珠路 111号　　왕안, 2010

Z58

쿠마 켄고, 2006　　番禺路 58号

Z58은 판위루에 면해 위치한 지상 3층에 연면적 961.91㎡ 규모의 조명회사를 위한 업무와 전시공간이 있는 건축물로 과거 시계공장을 개수한 프로젝트다.

그린 루버(green louver)로 명명된, 거울처럼 반사하는 수평적인 스테인리스 스틸 바와 식물인 아이비들로 이루어진 외관을 한 건축물은 3㎜ 스테인리스 패널 내에 FRP로 만들어진 U형 파종기와 자동 물 공급 시스템으로 이루어져서 마치 아이비들이 공중에 떠 있는 것처럼 보이도록 연출하였다.

입자의 건축으로 알려진 일본 건축가 쿠마 켄고는 건축물 자체가 부각되기보다는 주변 환경이나 자연과 융해된 친환경적인 건축으로서의 Z58을 디자인하였으며, 이 건축물에서도 아이비와 미러 마감의 스테인리스 스틸은 존재감을 드러내지 않는 입자로서 존재하고 있다.

실내는 수공간 사이로 진입하면, 천창을 통하여 빛이 들어오는 개방된 분위기의 실내공간이 나타난다.

이런 빛의 성당 같은 분위기의 실내공간은 건축가가 건축물의 용도가 조명회사를 위한 업무와 전시를 위한 공간이라는 것을 염두에 두고 디자인한 것으로 중국의 전통적인 사상인 내외부, 자연과 건축이 하나로 일체화된 공간을 의식한 결과이기도 하다.

건축물은 유리의 커튼월을 통하여 남측에 위치한 공원의 풍경과도 자연스럽게 연결하여 자연과 일체화된 풍경적인 건축을 만들어낸다.

http://kkaa.co.jp

구베이 신구 주택단지

古北路, 古羊路 H & H 아키텍춰 어바니즘, 상하이시도시계획설계연구원, 1996-2008

구베이(古北) 신구 주택단지는 창닝 구의 옌안시루(延安西路)와 구베이루(古北路)에 면해 위치한 유럽풍의 주거단지다.

구베이 단지는 상하이 최초로 민간자본에 의해 건설된 주거단지로 부지면적 136만 6천㎡에 연면적 233만 7천㎡의 규모를 한 대규모의 단지다.

사다리꼴 형태의 평면을 한 단지는 고전적인 유럽의 주거단지를 모방한 포스트모던한 경향으로 디자인하였다.

유럽 신합리주의의 광장과 주랑의 개념을 도입한 단지에는 고전적인 3부 구성을 취한 10층 규모의 동들이 약간씩 디자인을 변형하여 구성하고 있으며, 일부 동들은 관문 형태로 디자인되어 있어 베를린에 위치한 로브 크리에가 디자인한 단지를 연상시키기도 한다.

단지 내에는 로마와 파리풍, 베르사이유 궁전과 로테르담풍의 정원 양식을 한 유럽식 정원으로 디자인하여 유럽적인 분위기를 도입하였다.

전반적으로 유럽적인 분위기를 취하면서도 유형에 따른 변형으로 단지 내의 동들을 획일화시키지 않은 것이 구베이 주택단지의 큰 장점이라는 생각이 들었다.

장저 구 지역 | 长宁 창닝　　　　　　　구베이신취쭈짜이퇀디 古北新区住宅团地

구베이 신구 주택단지

p.260
⑤

H & H 아키텍춰 어바니즘, 상하이시도시계획설계연구원, 1996-2008　　古北路, 古羊路

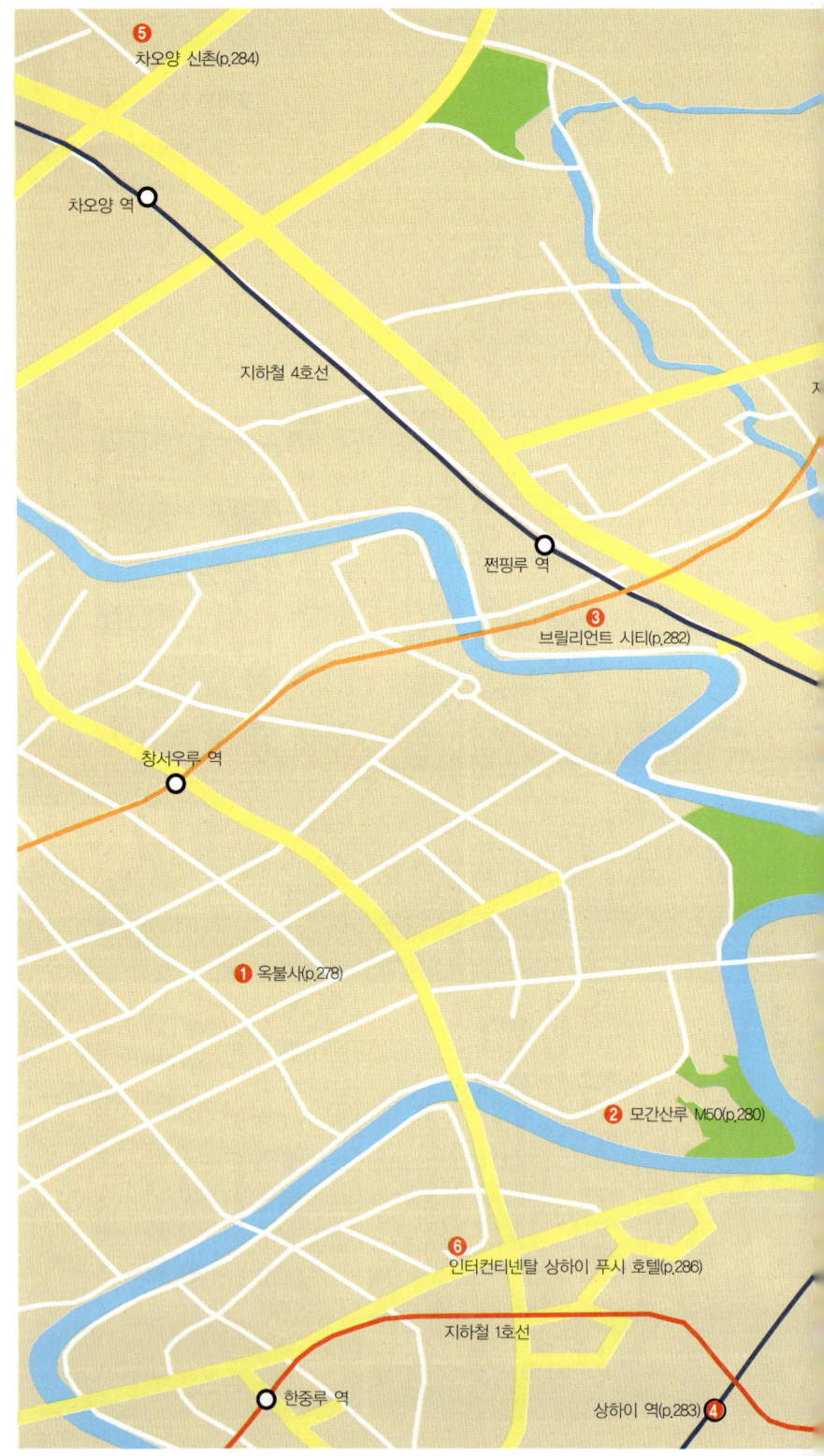

란까오루 역

보타구 지역
普陀 푸퉈

중탄루 역

/ 보타 구 지역 /

상하이 서북부에 위치한 푸퉈 구는 동측에 자베이(闸北) 구, 남측에 징안(静安) 구와 창닝(长宁) 구, 서측에 자딩(嘉定) 구를 경계로 한 지역이다.

1945년 구내에 있는 푸퉈루(普陀路)에서 유래한 구로 상하이의 구 중에서는 두 번째 크기의 면적이나 인구밀도가 높고 교통 및 주거 상황이 열악하여 상하이의 제3세계라고 불리기도 하여 환경 개선 및 도시 재개발 작업이 활발하게 진행되었다.*

상하이-난징 간 고속도로가 구를 동서로 가로 지르고 있으며 구의 경내를 쑤저우(苏州) 천이 지나고 있다.

구의 경내에는 옥불상으로 유명한 옥불사가 있으며 과거 제분, 방직공장을 개수하여 예술, 문화공간으로 만든 창의공간인 모간산루 M50이 유명하다.

상기한 것처럼 열악한 환경 때문에 국가지원 주택단지나 도시 재개발이 행해졌다.

1952년 상하이 최초로 조성된 산업노동자를 위한 주거단지인 차오양 신촌, 1999년에 조성된 브릴리언트 시티 같은 고층 주거단지 같은 프로젝트가 시행된 지역이기도 하다.

* http://100.naver.com/100.nhn 네이버지식사전 수정 인용

위포쓰 玉佛寺 | 보타 구 지역 | 普陀 푸퉈

옥불사

安远路 170号　　1882

옥불사

1882 | 安远路 170号

상하이 역 서남측 1.5km 지점에 위치한 옥불상으로 유명한 전통적인 중국식 사찰로 1882년 청나라 광서제 때 세워졌다.

사찰의 대웅보전 후면에 위치한 옥불루에는 195cm 높이의 비취로 만든 옥불상, 옥불루 근처에 있는 와불당에 96cm의 와불상이 안치되어 있어 사찰 이름도 여기에서 유래하였다.

천왕전, 대웅보전, 옥불루가 순차적으로 배치된 사찰에는 양옆에 관음당, 동불전, 와불전, 회은당(怀恩堂), 선당(禅堂), 재당(斋堂)이 있는 송나라 시대의 궁전 양식을 모방한 사찰이다.

2개의 옥불상 중 하나는 옥불루의 2층에 있고 다른 하나는 와불전 안에 있다. 1918년 불교 선종의 스님이 법사가 되면서 안위안루(安远路)에 현재의 사찰을 건설하였다.

1942년 주지 원진(远尘) 법사가 사찰 내에 상하이 불교학원를 설립하였다.

청나라 광서제 때 혜근 법사가 티베트를 거쳐서 인도와 미얀마에 가면서 아름다운 옥을 발견, 미얀마 국왕과 현지 화교의 도움으로 티베트의 장인들을 초청해 5개의 옥불상을 만들게 했다.

혜근 법사가 미얀마에서 다시 푸투어 산으로 돌아올 때, 5개의 불상을 운반하기 위하여 상하이를 거치게 되었으나, 당시 상인연합회에는 기중기가 없었기 때문에 1톤이나 되는 불상을 운반할 방법이 없었다. 이에 청나라 대신의 부친이 법사에게 불상을 남기고 갈 것을 부탁, 법사는 2개의 옥불상을 남기면서 옥불사가 설립되었다.

www.yufotemple.com
www.hudong.com/wiki/

모간산루 M50

莫干山路 50号　　덩쿤옌, DAtrans Architecture Office, 2000(개수), 2010(개수)

모간산루(莫干山路) 50번지는 상하이 방문객들에게 추천하는 10대 명소의 하나로 선정되었던 공장지역을 개수한 문화예술단지다.

과거 1930년대에 지어진 제분, 방직공장들이 1999년에 문을 닫으면서 흉물스럽게 비어 버릴 운명을 맞이하여 대만 출신의 건축가인 덩쿤옌과 예술가들이 비어 있는 공장들을 개수, 작업공간과 사무실로 사용하면서 창의적인 문화예술 공간으로 탄생한 것이다.

그 후 재건축의 위협 속에서도 활발한 활동을 펼친 예술가들 덕분에 지역이 점차 세상에 알려지게 되면서 중국의 예술가들뿐 아니라 세계 각국에서 온 문화·예술 분야 종사자들이 스튜디오와 갤러리를 설치하면서 활성화되었다.

2005년 4월 시는 이곳을 상하이 창작산업단지의 하나로 지정하면서 모간산루는 M50 창작단지라는 새 이름을 얻게 되었으며, 더욱 활성화시키기 위한 방침에 따라 옛 상하이 문화와 물품을 전시하는 라오(老) 상하이문화센터가 문을 열기도 하였다.

상업적으로 알려진 타이캉루에 비하여 덜 알려져 있으나 예술과 문화적인 측면만으로 본다면 더 밀도가 있는 공간으로 예술가들이 개조한 공간들이 건축가나 실내디자이너들이 벤치마킹할 요소들을 발견할 수 있는 이색적인 공간이기도 하다.

www.m50.com.cn

모간산루 M50

덩쿤옌, DAtrans Architecture Office, 2000(개수), 2010(개수) | 莫干山路 50号

브릴리언트 시티

종유앤량완충 中远两湾城
보타 구 지역 | 普陀 푸퉈

中山北路 1878号　　ECADI(화동건축설계연구원), 1999

브릴리언트 시티는 푸퉈(普陀) 구의 중산베이루(中山北路)의 개천을 따라 세워진 대규모 주거단지로 도시 재개발에 의해 이루어진 프로젝트다.

과거 1만여 세대와 300개의 회사가 있던 63만㎡의 부지를 1998년 상하이 시가 건물의 노후화를 이유로 재개발을 결정하였다.

총 23.8억 위안이 드는 재개발을 통하여 세워진 고층 주거단지인 브릴리언트 시티는 9개의 건축군에 연면적 495,000㎡에 달하는 규모로 세워졌다. 계속 진행되는 재개발을 통해 완성 후에는 연면적 160만㎡의 규모가 될 예정이라고 한다.

개천을 따라 세워진 전장 2km에 달하는 단지는 계단식 주거 등 6개의 타입에 32개의 동으로 구성되어 있으며 북측은 고층동, 남측은 보다 낮은 동을 배치하여 시야에 대한 것을 고려하였다.*

구부러진 개천을 따라 배치된 구성이라 일부는 단지 광장을 중심으로 일부는 개천을 따라 배치된 단지는 국내의 고층 아파트 단지를 보는 느낌이었으나 최근에 건축된 동들은 아키텍토니카가 디자인한 건축물을 연상시키는 색다른 디자인을 한 동들도 있었다. 단지는 지하철 쩐핑루(鎭平路) 역에 면하여 배치되어 있다.

* 요시다 켄지 편, A+U 임시증간 호 베이징·상하이 건축가이드북, 2005, p. 150

상하이 역

ECADI(화둥건축설계연구원), 1987, 2010(개수) 秣陵路 303号

상하이 기차역은 상하이에서 가장 큰 역으로 일 평균 약 30만 명의 승객을 운송하는 장거리 열차 외에 상하이 지하철도 발착한다.

상하이는 중국 철도망의 중추이고 베이징, 톈진행의 특급과 전국 각지로 열차가 연결되어 있어 2008년에 상하이 엑스포를 대비, 시 정부는 4.1억 원 이상을 투자하여 상하이 역의 북쪽 광장 종합 교통 허브 프로젝트의 일환으로 개수작업을 하였다. 2010년에 개수하면서 역의 북측 건물은 1,000m²에서 15,560m²로 증축하였으며, 남측은 플랫폼 전면에 물결 모양의 지붕을 추가하였다.

역의 전면은 커튼월로 개수, 현대적인 이미지의 부여와 함께 상부에 철골 구조를 노출한 캐노피를 설치하여 열차를 위한 시설이라는 것을 하이테크한 이미지로 표현하였다.

전면을 커튼월로 개수, 충분한 일조와 함께 실내에서 광장의 녹지를 즐길 수 있게 하였다. 실내외 공간을 개수하면서 승객들의 동선과 대기공간 등을 밝고 접근하기 쉽게 하면서 상하이 관문의 이미지와 함께 내, 외부 공간을 총체적으로 쇄신하였다.

역의 1층에서는 기차표를 판매하며, 2층에서는 고속버스와 배표, 3층 로비에서는 비행기 표를 판매한다.

www.ecadi.com

차오양신춘 曹杨新村 | 보타 구 지역 | 普陀 푸퉈

차오양 신촌

中山北路, 曹杨路 　상하이시민용건축설계연구원, 1952-1977

차오양 신촌은 1952년 상하이 서쪽에 위치한 푸퉈(普陀) 구의 근교 공업지역에 세운 국가지원주택단지다.

당시 산업노동자의 주거를 해결하기 위하여 세운 주거단지는 차오양루(曹楊路)에 면한 새로운 마을이란 의미로 차오양 신촌으로 명명하였으며, 1952년에 단계적으로 시작된 단지는 25년에 걸쳐 1977년에 완공하였다.

1952년 연면적 32,366㎡에 48동으로 시작한 최초 단지는 후에 부지면적 1.08㎢ 중 주거가 점하는 면적이 1,697,800㎡인 단지에 32,000세대, 11만 명의 주민이 살고 있는 대단지로 발전하였다.*

당시 차오양 신촌은 주택의 분배 정책으로 1,002호 주민이 입주하는 것을 목표로 하였기에 1,002호 프로젝트로 불리기도 하였다.

차오양 신촌은 근린주구의 개념을 도입한 단지로 안전을 고려, 초등학교와 유치원을 단지 가까이에 배치하여 자동차 도로를 건너지 않고 통학이 가능하게 디자인하였다.

3층 규모의 벽돌로 마감한 단지는 동과 동 사이가 녹지와 어우러진 단지로 상하이 최초 도시 노동자를 위한 주거단지라는 데 의미가 있다.

* 상게서, p. 149

차오양신춘 曹杨新村

차오양 신촌

p.274
⑤

상하이시민용건축설계연구원, 1952-1977   中山北路, 曹杨路

인터컨티넨탈 상하이 푸시 호텔

恒丰路 500号   겐슬러(건축), LTW 디자인웍스(실내), 200

인터컨티넨탈 상하이 푸시 호텔은 55층의 인터컨티넨탈 비즈니스센터, 19층의 클럽 인터컨티넨탈과 함께 3동의 건축물로 구성된 연면적 203,000㎡ 규모를 한 BM 플라자의 일부이다.

푸시 지역에 위치한 31층의 호텔에는 25개의 이그제큐티브 스위트를 포함한 533개의 객실과 함께 350석의 다목적 강당과 회의실, 레스토랑, 스파, 헬스클럽, 수영장이 있다.

호텔의 실내디자인은 싱가포르를 근거지로 활동하는 LTW 디자인웍스에서 디자인하였으며, 호텔의 로비는 중국의 전통적인 요소를 현대적으로 해석한 것 같은 분위기로 디자인한 것이 인상적이다.

높은 천장고의 프론트 데스크가 있는 로비 라운지에는 니콜라스 와인스타인 스튜디오스의 작품인 승천하는 것 같은 용을 추상화한 반투명한 설치 조형물이 중국풍의 거대한 문 같은 구조물들과 대조를 이루면서 인상적인 실내공간을 연출하고 있다.

로비와 뷔페 레스토랑 사이에는 태고석을 연상시키는 금속 조형물이 설치된 실내 연못으로 공간을 구

보타 구 지역 | 普陀 푸퉈 　　상하이푸시쩌우지쩌우디안 上海浦西洲际酒店

인터컨티넨탈 상하이 푸시 호텔

겐슬러(건축), LTW 디자인웍스(실내), 200　恒丰路 500号

획하면서 동시에 상하이의 유명한 정원인 예원을 현대적으로 해석하였음을 암시하고 있다.

중국적인 요소를 현대적으로 해석한 실내공간에는 곳곳에 중국적인 소품이나 예술품을 설치, 과거 요소가 현대적인 공간에 스며든 것 같은 분위기로 디자인하였다.

www.gensler.com
www.ltwdesignworks.com

홍구 지역
虹口 홍커우

홍커우 축구장 역
5 홍커우 축구장(p.297)
7 윤봉길 의사 기념관(p.299)
쉰 기념관(p.298)

쓰핑루 역

안산신촌 역

지하철 8호선

홍구 지역

홍커우 구는 상하이의 북동부에 위치한 지역으로 윤봉길 의사의 홍커우 공원 의거로 잘 알려진 곳이기도 하다.

홍커우(虹口)란 명칭은 과거 양푸 강에 있던 난홍(南洪), 베이홍(北洪), 쭝홍(中洪)이라는 3개의 항구를 싼홍(三洪)이라고 부른 데서 유래, 홍커우(洪口)라고 이름을 붙였다.

그러나 중국인들이 홍수를 의미하는 홍(洪) 자를 꺼렸기에 지금의 홍커우(虹口)로 부르게 되었다고 한다.

홍커우의 일부는 아편전쟁 이후 미국 조계였다가 태평양전쟁 발발 후 일본 해군의 관할지가 되어 현재도 일본풍의 건축물이 많이 남아 있다.*

홍커우 구는 동측으로 양푸(楊浦) 구, 남측으로 황푸(黃浦) 구, 서측으로 자베이(闸北) 구, 북측으로 바오산(宝山) 구를 경계로 한 23.4㎢ 면적인 와이탄과 인접 지역이라 파머 & 터너의 브로드웨이 맨션, 데이비스 & 토마스의 애스터 하우스 호텔 같은 1910~30년대 사이의 역사적인 건축물들이 있다.

또한 30년대 발포스라는 영국 건축가가 설계한 도살장을 창의공간으로 개조한 1933 라오창팡도 관광객들이 한 번 방문해야 할 공간이다.

다렌루 지역에는 하이 상하이라는 창의공간도 있으며, 아파트와 문화 예술 공간이 연결된 창의공간으로 방문해 볼 만하다.

이외에도 홍커우 축구장 옆에 위치한 루쉰 공원 내의 윤봉길 의사 기념관이나 루쉰 기념관 등 역사의 자취를 통해 상하이라는 도시를 재발견할 수 있다.

최근에는 프랭크 르파 아키텍츠와 스파크에서 설계한 상하이 국제 크루즈 터미널을 완공하여 지역을 활성화시킬 것으로 보인다.

* 戴松年 외 편, 上海 상하이, YBM시사, 2003, p.192

주원 기념관

상하이 국제 크루즈터미널

1933 라오창팡

상하이다싸 上海大厦　　　　　홍구 지역 | 虹口 훙커우

브로드웨이 맨션 호텔

北苏州路 20号　　파머 & 터너, 1934

상하이 빌딩은 와이탄 최북단에 위치한 19층, 연면적 24,596㎡ 규모를 한 아르데코 양식의 건축물로 과거 브로드웨이 맨션(百老汇大厦)으로 불렸다.

양단이 Y자형 평면을 한 갈색 타일 마감의 건축물은 점층적으로 셋백하는 구성과 균형감이 있는 외관으로 지역의 랜드마크로 자리를 잡고 있다.

공허양항(公和洋行)으로 불리던 파머 & 터너 건축사무소가 설계한 건축물은 평면과 셋백된 형태의 외관을 통하여 전망과 채광을 해결하는 동시에 변화가 풍부한 형태를 취하고 있다.

현재 브로드웨이 맨션 호텔로 사용 중인 건축물은 253개의 객실과 비즈니스 센터, 다양한 레스토랑과 바, 피트니스 센터와 스파, 17~19층에 연회장이 있으며 특히 최상층에 위치한 연회장의 전망은 일품이다.

www.broadwaymansions.com
http://en.wikipedia.org/wiki/Broadway_Mansions

애스터 하우스 호텔

데이비스 & 토마스, 1910, 1959(개수), 2006(개수)　　黃浦路 15号

애스터 하우스 호텔은 와이탄 북측의 브로드웨이 맨션 호텔의 길 건너편에 위치한 6층, 연면적 16,563㎡ 규모를 한 영국 신고전주의풍의 건축물이다.

과거 1858년에 세워진 상하이의 기념비적인 건축물인 리처드 호텔이 있던 위치에 3부 구성의 고전적인 외관을 한 호텔을 신축하였다.

데이비스(Gibert Davies)와 토마스(C. W. Thomas)가 설립한 씬뚜허양항(新端和洋行)에서 설계한 호텔은 3부 구성에 모서리는 원통형 매스로 처리하면서 1층의 아치형 창호의 기단부, 이오니아식 기둥의 열주랑으로 장식을 한 중층부, 5층의 거대한 아치형 창호로 상층부로 구분한 외관에서 리듬감을 느낄 수 있다.

1922년에 1층에 연회장을 개축하면서 2~5층까지 객실을 500개로 증설하고 옥상에는 500명이 식사할 수 있는 대형 식당을 설치하였다. 한때 미군클럽으로 사용하기도 하였던 호텔은 1959년 푸장 호텔로 개명하고 1층을 상가와 식당으로 개수하면서 3~6층에 117개 객실로 개축, 사용하였다.*

상층부의 객실이 있는 공간은 천창이 있는 보이드된 공간으로 디자인, 색다른 공간감을 느낄 수 있으며 객실 앞에는 찰리 채플린이나 앨버트 아인슈타인 같은 유명 인사들의 사진이 붙어 있어 역사적인 인물들이 묵었던 호텔이었음을 상기시키고 있다.

www.pujianghotel.com
http://en.wikipedia.org/wiki/Astor_House_Hotel

* 이안 저, 혼돈 속의 질서 上海 근대도시와 건축 1845-1949, 미건사, 2003, pp. 182-184

상하이 국제 크루즈터미널

스파크+SIADR(상하이건축설계연구원), 2009, 2010

상하이 시는 아시아의 크루즈 사업의 중심지 육성을 목표로 4년에 걸쳐 약 2,800억 원을 투입하여 26만㎡ 규모의 국제 크루즈터미널을 스파크(SPARCH) 건축사무소의 설계로 역사적인 거리인 와이탄 북측에 완공하였다.

황푸 강에 면한 800m의 긴 선형 대지에는 선박을 연상시키는 커튼월 마감의 유기적인 형태를 한 6개 동들과 1개의 타워동으로 구성된 터미널이 들어서 연간 150만 승객을 수송할 것이며, 6개 동들은 2009년, 타워동과 윈터 가든은 2010년에 완공하였다.

한국과 일본을 운항하는 크루즈선들이 사용하는 터미널은 8만 톤급의 크루즈선 3대를 수용할 수 있는 시설이면서 동시에 상하이 엑스포의 주제

상하이 국제 크루즈터미널

스파크+SIADR(상하이건축설계연구원), 2009, 2010

인 '좋은 도시, 좋은 삶(Better City, Better Life)'을 위하여 30% 공간을 시민을 위한 오픈스페이스로 할애하였다.

터미널은 단순히 여행객들이 크루즈를 타고 내리는 공간만이 아닌 녹지가 실내에 있는 윈터 가든, 레스토랑, 카페, 쇼핑공간 등에 의해 시민들의 삶을 활성화하는 장으로 디자인하였다.

또한 터미널은 친환경적인 디자인에 대한 고려도 하여 지붕 캐노피에 야외 조명과 공공장소에 사용하는 에너지를 위한 태양열 집열판의 설치, 이중 유리에 의한 단열과 공기 순환, 강물을 사용한 냉각 시스템의 채용 등 현실적인 기술을 적용하였다.

아쉬운 점은 황푸 강의 낮은 다리 때문에 세계에서 가장 큰 크루즈 선은 신축한 터미널에 입항할 수 없게 되었다는 점으로 중국이나 한국이나 정부가 많은 돈을 투자하면서 정작 검토해야 할 것을 등한시하는 것은 마찬가지라는 사실이다.

www.sparchasia.com
www.cruiseshanghai.com.cn

상하이 항 국제 크루즈터미널

프랭크 르파 아키텍처, 2010

2010년 상하이 엑스포에 맞추어 와이탄 북측에 60,385㎡ 규모의 국제 크루즈터미널과 전시공간, 부속된 공원을 뉴욕을 기반으로 활동하는 프랭크 르파 건축사무소에서 완공하였다.

곡선형의 녹색 커튼월로 마감된 터미널은 물방울을 콘셉트로 디자인한 유기적인 형태의 건축물로 바다를 항해하는 크루즈 선과 여행객을 위한 공간이라는 것을 상징적으로 보여주고 있다.

물방울 같은 터미널과 바로 옆에 서 있는 타워는 서로 대비를 이루면서 황푸 강변의 랜드마크를 형성하고 있으며, 후면에 위치한 커튼월로 마감한 선형의 유기적인 형태를 한 국제 크루즈터미널과의 맥락을 취하고 있다.

철골의 필로티 위에서 물방울처럼 떠 있는 것 같은 3층에 40,000㎡ 규모의 터미널은 부유하는 것처럼 물 위를 항해하는 크루즈 선과 상하이를 관통하는 황푸 강에 대한 오마쥬와 같은 건축물이다.

터미널과 함께 인상적인 공간은 천창이 있는 부속 공원으로 잔디가 덮인 공원에 유기적인 형태의 천창과 다리가 있는 공간이다. 이 공원은 터미널이 단순하게 여행객들이 크루즈를 통하여 거쳐 가는 공간만이 아닌 시민들의 휴식공간으로서의 기능도 하도록 디자인하였음을 알리고 있다.

터미널의 시설인 지하공간 역시 유기적인 형상의 천창에 의해 연출된 공간이 마치 물속에 있는 것 같은 분위기를 연출, 터미널이 단순히 기능적인 공간 이상의 건축물로 디자인되었다는 것을 알게 한다.

frankrepasarchitecture.com
www.cruiseshanghai.com.cn

홍커우 축구장

RIA 설계사무소+SIADR(상하이건축설계연구원), 1955, 1999(재건축)

东江湾路 444号

1955년 홍커우 운동장으로 조성된 입지에 1999년 재건축된 홍커우 축구장은 연면적 56,000㎡, 건축면적 72,000㎡의 규모를 갖춘 시설로 뤼신 공원에 인접해 있다.

중국 제일의 프로 경기 전용의 축구장이면서 다목적 종합스포츠 시설로 축구장, 배드민턴 경기장과 체육관 등을 갖추고 있다.

지붕 구조와 그것을 지지하는 철골 구조가 역동적인 형상을 취하고 있는 축구장은 천연 잔디가 깔린 길이 105m, 너비 70m의 경기장과 함께 35,000석의 관중석을 갖추고 있다. 축구장의 타원형을 한 지붕 구조와 공간 구성은 경기장에 최대한의 일조 및 공기의 흐름과 함께 관중의 동선을 고려, 합리적으로 설계하였다.

거대한 규모의 축구장은 온도 등에 의한 변형을 고려하여 설계하였으며, 천연 잔디의 보존을 위한 지하 가온(加溫)과 배수순환 시설을 채용하였다.

중국 프로축구팀 상하이 선화 유나이티드의 홈구장으로 사용되는 축구장은 2007년 월드컵 여자축구대회가 개최되기도 하였다.

동쪽에는 루쉰 공원, 서쪽에는 지하철 홍커우 축구장 역, 북쪽에 상하이 외국어대학교가 있다.

루쉰 기념관

甜愛路 200号   SIADR(상하이건축설계연구원), 1951, 1999(재건)

루쉰 기념관은 과거 옛 집을 기념관으로 사용하였으나, 루쉰 공원 안에 2층 규모의 건축물을 1999년 기념관으로 재건축하였다.

연면적 4,683㎡ 규모의 기념관은 양쯔 강 델타 지구의 건축 양식으로 단순 간결한 외관의 백색 건축물이다. 3개의 정원이 있는 기념관에서는 대나무 등 수목에 둘러싸인 정원과 함께 전시물을 관람할 수 있다.

기념관에는 루쉰이 10년간 상하이에서 활동했던 내용을 전시하고 있으며, 그 중에는 『아큐정전』 등 루쉰의 원고와 시, 번역물, 편지, 생활용품과 30년대의 진귀한 전시품 1만여 점이 있다.

전시실은 그다지 크지는 않지만 루쉰의 친필원고와 유품, 문헌, 간행물, 사진 등 1,000여 가지를 볼 수 있다. 루쉰은 1936년 10월 19일에 사망, 시신은 처음에 상하이 만국공동묘지에 안치되었으나 1956년 루쉰 사망 20주년을 기념하며 홍커우 공원에 루쉰 묘를 세우면서 이곳으로 옮겨졌다.

현재 묘지 앞에서는 루쉰 상이 있고 양옆에는 루쉰의 부인과 자녀가 함께 심은 두 그루의 전나무가 있다. 기념관 건축 이후 많은 건축물들이 전통건축을 모방하였으나, 이 건축물과 같은 걸작은 별로 없다.

윤봉길 의사 기념관

2003
甜爱路
루쉰 공원 내

매헌 윤봉길 의사가 1932년 일본군 요인을 폭살한 훙커우 공원 의거를 기념해 상하이시 훙커우구 인민정부와 윤봉길 의사 기념사업회가 공동으로 건립한 전통적인 정자 형태의 기념관이다.

윤봉길 의사는 1932년 4월 29일 일왕의 생일을 맞아 훙커우 공원에서 열린 일본군의 상하이 점령 전승 경축식에 폭탄을 던져 일본군 수뇌부를 폭사시켰으며, 현장에서 체포된 윤 의사는 사형을 언도받고 오사카 형무소에서 순국하였다. 이를 기념하기 위하여 기존에 세워진 윤봉길 의사 기념 정자인 매정(梅亭)을 기념관으로 조성, 2003년 12월 4일 개관한 건축물로 공식 명칭은 윤봉길 의사 생애사적 전시관이다.

지상 2층 건축물의 1층에는 출생에서 농민부흥운동, 훙커우 공원 의거 때까지의 사적을 보여주는 유품, 2층에는 의거 이후의 사적, 의거의 역사적 의의와 한국·중국에 미친 영향, 대한민국임시정부의 활동 등에 관한 자료가 전시되어 있다.

또한 윤봉길 의사의 시와 친필 편지를 비롯해 기념관 개막에 맞춰 제작한 흉상, 정부에서 받은 훈장 등도 함께 전시되어 있는 기념관은 상하이 루쉰 공원 내에 위치하고 있다.

국내 관광객들과 같이 온 아이들이 마치 관광지처럼 아무 생각이 없이 돌아다니는 모습을 보면 씁쓸한 생각이 들기에 한 번 묵념이라도 드리기 바라는 공간이기도 하다.

라오창팡 老场坊 홍구 지역 | 虹口 훙커우

1933 라오창팡

沙泾路 10号 발포스, 1933, 2008(개수)

상하이 1933 라오창팡은 하이룬루 역 근처에 위치한 영국 건축가 발포스(Balfours)가 1933년 건축한 5층에 연면적 31,721㎡ 규모의 도살장을 개수한 창의공간이다.

과거 상하이 시 전체 60%의 육류를 공급하였던 도살장은 천여 마리의 소, 돼지를 도살하기 위해 미로처럼 구성된 공간으로 지금은 상하이를 대표하는 창의공간으로 변신, 옛 건축물의 골격을 유지하면서 디자인 사무소, 갤러리, 레스토랑, 상가들이 들어서 있다. 원래 도살장, 육류 가공공장, 제약회사 등으로 용도가 수차례 바뀐 건축물은 제약회사가 문을 닫으면서 2005년 상하이 역사적인 건축물로 지정된 후, 개수하여 2008년 창의공간으로 오픈하였다.*

건축 당시 영국의 포츠머스에서 직접 시멘트를 운송, 건축하였다는 1933은 외부는 사각형의 모습을 하고 있으나 내부는 둥근 형태인 '천원지방'의 개념을 도입하여 디자인하였다.

* 唐婉玲 편, Creative Shanghai, Shanghai Longing Printing, 2007, p. 8

1933 라오창팡

발포스, 1933, 2008(개수) 沙泾路 10号

콘크리트로 마감된 외관과 공간은 고전적인 양식과 아르데코 디자인을 결합한 독특한 분위기의 건축물로 본동과 부속동을 연결하는 미로처럼 구성된 26개 브리지형 구조들이 만들어내는 공간감이 일품이다.

브리지는 사람의 통로와 가축의 통로를 구분하였으며 통로의 폭에 따라 가축들의 크기를 분류하여 이동시켰으며, 또한 벽 두께를 50cm의 중공(中空) 벽으로 시공하여 에어컨이 없이도 실내 온도가 유지되도록 하였다.

상층부의 중앙 보이드 부분은 강화유리로 처리하여 다양한 이벤트 등을 개최하는 다목적 공간으로 사용하고 있다.

이벤트가 없을 때, 바닥의 강화유리를 통하여 아래를 내려다볼 때는 공간에서 전율을 느끼게 된다.

하이 상하이

大连路 920号   상하이 스타 Z & C 건축사무소, 2006, 2009

하이 상하이는 양푸 구 다롄루의 400m 길이를 한 상업적인 거리에 위치한 창의공간으로 8만㎡의 업무공간, 9만㎡의 주거공간, 하이 상하이 강의실과 극장, 클럽 등으로 구성된 연면적 23만㎡의 단지다.

하이 상하이 프로젝트는 창조적인 상업적 거리, 창조적인 로프트, 창조적인 생태주거단지라는 3개 부문으로 구성되어 있다.

창조적인 상업적 거리는 콘크리트, 금속, 유리, 적벽돌, 목재라는 재료에 따라 5개 블록으로 구성된 강의실과 극장, 클럽 등으로 전위예술과 창작활동을 자극하도록 디자인하였다.*

* 唐婉玲 편, Creative Shanghai, Shanghai Longing Printing, 2007, p. 60 수정 인용

하이 상하이

상하이 스타 Z & C 건축사무소, 2006, 2009 — 大连路 920号

창조적인 로프트는 3개의 80m 높이의 검은색과 회색 알루미늄 시트와 유리 커튼월로 마감된 상자형 건축물로 창조의 문, 지혜의 눈, 성공의 사다리를 상징하고 있다.

창조적인 생태주거단지는 창의성에 대한 열망을 가진 사람들의 입주를 유도하는 생태적인 주거단지다.

이런 창의적인 성격의 공간은 애니메이션과 광고, IT 등 13개 디자인 관련 스튜디오와 갤러리 등으로 상업적인 시설과 어우러진 거리에는 오브제처럼 비스듬하게 서 있는 큐빅형의 건축물과 아파트 벽면의 예술적인 슈퍼그래픽, 수공간과 함께 곳곳에 설치된 조형물과 스트리트 퍼니처 등이 디자인적인 분위기를 표출하고 있다.

열정, 의지, 창의성이라는 슬로건으로 창조적인 활동을 전개하는 하이 상하이 단지는 건축물을 비롯한 환경 자체가 창조적 사고를 자극하고 있다.

www.zc21.com
www.hi-shanghai.net

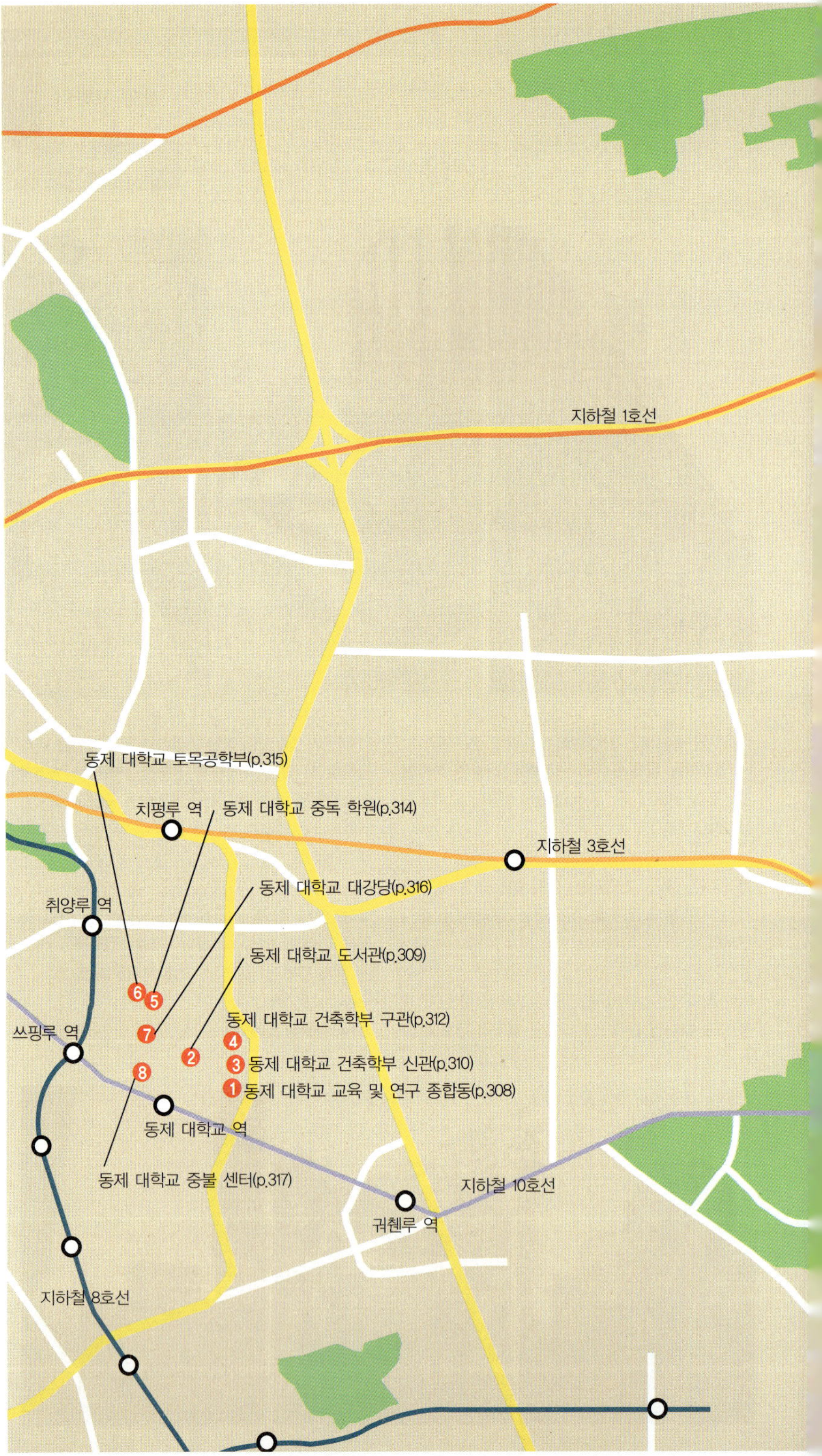

지하철 1호선

동제 대학교 토목공학부(p.315)
치펑루 역   동제 대학교 중독 학원(p.314)
지하철 3호선
동제 대학교 대강당(p.316)
취양루 역
동제 대학교 도서관(p.309)
⑥ ⑤
동제 대학교 건축학부 구관(p.312)
쓰핑루 역 ⑦ ④
        ② ③ 동제 대학교 건축학부 신관(p.310)
     ⑧ ① 동제 대학교 교육 및 연구 종합동(p.308)
동제 대학교 역
동제 대학교 중불 센터(p.317)
지하철 10호선
궈췐루 역

지하철 8호선

상하이 유리박물관 [9]
(p.318)

동제 대학교 지역
同济大學 퉁지다쉬에

동제 대학교 지역

동제 대학교는 상하이 동북부의 양푸(杨浦) 구의 쓰핑루(四平路)에 위치한 학교 본부를 비롯하여 4개의 캠퍼스로 구성된 대학교다.

양푸 구는 동제(同济 통지) 대학교를 비롯하여 복단(复旦 푸단) 대학교 등 상하이 시의 고등 교육기관의 1/3이 밀집된 지역이다.

동제 대학교는 50개 전공에 4만여 명의 학생들이 재학 중인 대학교로 특히 건축과 토목공학, 해양학, 환경공학, 교통공학 등 공학계열이 특성화된 대학교다.

과거 1907년 독일인 의사가 세운 의학당을 시발로 1951년 공학당을 증설하면서 1927년 통지 대학이라고 명명하였다.

설립 초기에는 토목과 건축 영역이 대부분을 차지하는 공과대학이었으나 후에 종합대학으로 발전하였다.

1996년 상하이시 건설학원과 상하이 건축재료공업학원, 2000년에 상하이 철도대학을 합병하였다.

현재에는 이과대학, 건축·도시계획대학, 토목공정대학, 기계공정대학, 환경과학대학, 재료과학대학, 전자정보대학, 교통운수대학, 의과대학, 외국어대학 등의 단과대학과 이와는 별도로 고등기술학원, 직업기술교육학원, 국제문화교류학원, 네트워크교육학원 등과 3개 부속병원을 운영하고 있다.

건축과 토목 등으로 특화된 대학이기에 캠퍼스 내의 건축물들도 디자인으로 특화된 것이 많다.

동제 대학교 건축설계연구원에서 설계한 교육 및 연구 종합동을 비롯하여 장빈, 주웨이가 같이 설계한 건축학부 신관 등이 있다.

이외에도 도서관이나 강당, 중독 학원, 토목공학부 동도 한 번 방문해 볼 가치가 있다.

동제 대학교에서 건축적인 하이라이트는 장빈과 주웨이가 설계한 건축학부 신관과 중불 센터로 공간적인 구성이나 연출 등에서 참신한 접근을 하여 디자인하였다.

양푸 구의 동제 대학교에서 멀지 않은 창장시루에 위치한 상하이 유리박물관은 유리와 관련된 복합 문화공간으로 다양한 전시와 체험이 가능하기에 한 번 방문해 보기 바란다.

* 네이버백과사전 동제 대학교 수정 인용

동제 대학교 건축학부 신관

동제 대학교 중물 센터

상하이 유리박물관

동제 대학교 교육 및 연구 종합동

四平路 1239호   TJADRI(통지건축설계연구원), 2007

동제 대학교 교육 및 연구 종합동은 지상 21층, 지하 1층에 연면적 46,240㎡ 규모의 타워형 건축물로서 대학교 100주년을 기념하기 위하여 세워졌다.

98m 높이를 한 교육, 연구, 업무공간 등이 모여 있는 교육 및 연구 종합동은 캠퍼스 내의 랜드마크인 큐브형의 건축물로 집 속의 집 같은 콘셉트로 디자인하였다.

중앙부가 보이드가 된 기하학적인 큐브 안에는 마치 수직 도시처럼 원형 극장이나 멀티미디어 컨퍼런스 센터, 컨퍼런스 홀, 카페 등이 각각 다른 색으로 마감된 유기적인 매스로 몇 개 층마다 배치되어 있다.

거리를 걸을 때, 다양한 색을 한 건물로 위치를 인식하듯이 학생들은 보이드된 공간에 보이는 다양한 색으로 마감된 원형 극장이나 카페 등의 부정형의 매스를 한 공간을 통하여 층의 위치를 인식하는 것이다.

종합동은 대학교 100주년을 기념하는 건축물답게 실험적인 디자인에서 구조 설계, 에너지 절약 등 다양한 측면을 고려한 건축물이라는 상징성을 표현하고 있으며, 프랑스 건축가인 장 폴 비기에의 개념적인 제안을 동제 대학교 건축설계연구소에서 실현한 것이다.

www.tjadri.com

동제 대학교 도서관

우지에+TJADRI(통지건축설계연구원), 1960, 1980 & 1990(증축), 2004(개축) 四平路 1239号

동제 대학교 도서관은 1960년 캠퍼스의 중심축에 세워진 2층 규모의 도서관 용도의 건물이었다.

내정식으로 배치한 초기의 건물을 1980년에는 모자이크 타일과 다갈색 유리로 마감한 본 건축물을 1990년에는 서측 부분에 3층의 개가식 서고가 있는 건축물로 증축하였다.

서로 다른 시기에 세워진 건축물들 간에 미로 같은 통로가 생긴 문제점을 해결하기 위하여 2004년 개축, 동서남북의 공간이 서로 통하도록 하였다.

중앙에 계단실과 엘리베이터가 있는 코어를 양측에 배치한 타워형의 공간을 중심으로 서고와 강의실이 있는 공간이 둘러싼 형식의 건축물로 개축한 도서관은 천창으로 빛이 들어오는 밝고 개방적인 아트리움이 있는 날렵한 철골 구조의 공간으로 디자인하였다.

쌍둥이 타워와 대비되는 개축한 도서관은 알루미늄 외피 위에 계단실이 있는 부분은 철골 구조의 루버로, 창이 있는 서측 입면은 알루미늄 루버를 설치하여 현대적이면서 하이테크한 분위기의 공간으로 디자인하였다.

http://old.tjadri.com
www.lib.tongji.edu.cn

동제 대학교 건축학부 신관

四平路 1239호 　장빈, 주웨이+TJADRI(통지건축설계연구원), 2004

동제 대학교는 건축학부가 유명한 대학교답게 캠퍼스 내의 건축물들도 디자인적으로 차별화된 것으로 유명하다.

건축학부 신관인 건축학부 C관은 지상 8층, 지하 1층에 연면적 9,672㎡ 규모를 한 건축물로 설계를 위한 스튜디오, 연구실, 전시실, 카페와 서점 등이 있다.

노출 콘크리트의 골조와 유리 커튼월, U 글라스나 스테인리스 스틸 외피와 랜덤하게 배치한 셋백시킨 유리창의 대비가 인상적인 건축물은 곡선형 다리를 통한 주출입구로의 진입이나 선큰가든으로 처리한 지하층 등 건축학부 건축물답게 디자인적인 장치들을 곳곳에서 발견할 수 있다.

실내공간에서도 1층에 몇 개 층을 보이드시키면서 금속 망을 내려트린 로비, 상층부 일부를 보이드시키면서 대나무를 심은 휴게공간, 스트레이트로 연결된 계단실과 계단실을 통하여 최상층의 천창을 통한 빛의 실내로의 유입 등 디자인적인 공간장치를 찾아보는 것도 즐겁다.

동제 대학교 건축학부 신관

장빈, 주웨이+TJADRI(통지건축설계연구원), 2004 四平路 1239号

1층의 로비 근처에는 카페 겸 레스토랑과 서점을 배치하여 수업이 없을 때도 카페에서 커피 한 잔을 하면서 과제를 할 수 있게 디자인하였다.

신관은 건축학부 학생들의 교육을 위한 공간이면서 동시에 공간적인 체험을 통해 자연스럽게 공간디자인을 학습할 수 있는 공간장치로 디자인하였다.

http://old.tjadri.com

동제 대학교 건축학부 구관

통지다쉬에찌안쭈시관밍청러우 同済大学建築系館明誠樓

四平路 1239号　다이후둥, 1987

동제 대학교 건축학부 구관

다이후동, 1987   四平路 1239号

동제 대학교 건축학부 구관인 밍청러우는 4층 규모의 건축물로 외벽을 마감한 적벽돌 때문에 홍루(紅樓)라는 별명으로도 불린다.

적벽돌로 계단실 모서리를 곡선으로 처리한 외관이 인상적인 건축물은 4각형 매스와 정원을 결합한 형식이다.

또한 창 측으로 랜덤하게 경사각을 조정한 금속제 루버를 설치하여 입면에 변화를 부여한 건축물은 실내의 계단을 올라가면, 내부에 지붕을 트러스 위에 텐트 구조를 설치한 내정(內庭)으로 학생들을 위한 교류의 장 역할을 하도록 디자인하였다.

1층의 로비 옆에는 대나무가 심긴 중정이 있어 자연과 어우러진 풍경을 연출하고 있는 건축학부 구관은 동제 대학교의 건축학부 교수인 다이후동이 설계하였으며, 몇 차례의 증, 개축을 하였다.

동제 대학교 중독 학원

四平路 1239号   TJADRI(통지건축설계연구원), 2002

동제 대학교 중독 학원 빌딩은 중국과 독일의 학술 교류의 일환으로 세워진 국제 교육협력 기관용 건축물로 지상 11층, 지하 1층에 연면적 12,234㎡ 규모다.

독일어로 전자 및 정보공학, 기계 및 자동차공학, 경제학 및 관리, 법률에 관한 전공을 교육하기 위한 공간으로 설계된 백색의 빌딩은 11층의 타워와 연결된 후면의 중층 매스로 구성된 건축물로 리처드 마이어의 건축을 연상시키는 저층부나 상층부의 유기적인 구성과 직육면체 매스를 한 타워 본체의 합리적인 구성의 대비가 인상적이다.

필로티로 처리된 저층부와 곡선형 커튼월의 대비나 타워 입면에서 사선으로 배치된 규칙적인 창의 구성과 상층부의 곡선형 매스의 대비, 지붕 구조물에 난 원형의 개구부는 러처드 마이어 내지는 르 코르뷔지에의 어휘에서 영향을 받은 것이 분명한 건축물로 조형적으로 짜임새가 있다.

http://old.tjadri.com

동제 대학교 토목공학부

치안퐁+TJADRI(퉁지건축설계연구원), 2002　四平路 1239号

동제 대학교 토목공학부 빌딩은 대학 캠퍼스의 중독학원 건너편에 위치한 지상 8층, 지하 1층에 연면적 14,920㎡ 규모를 한 건축물이다.

토목공학부를 위한 건축물답게 치안퐁(钱峰)이 철골구조로 설계한 외관이 인상적인 교육용 빌딩은 분리된 두 개의 매스를 서로 비스듬하게 배치하면서 연결부분을 아트리움으로 디자인하였다.

철골구조를 노출하는 등 장점을 최대한 살린 빌딩은 입구에서 바라보면 2층까지 연결된 아트리움 매스를 마치 브리지처럼 날렵하게 구성하거나 혹은 상층부에서 두 동을 브리지로 연결하는 등 공간적으로 다양한 시도를 하고 있다.

철골과 유리 커튼월로 구성한 입면은 각 층 하부를 랜덤하게 적갈색 페인티드 글라스로 마감하여 변화를 부여하였으며, 상층부 일부는 외부로 오픈시켜 휴게공간으로 사용하도록 하였다.

후면 매스의 말단부에는 원통형의 계단식 강의실을 설치하여 매스 구성의 변화와 함께 기능적인 측면도 고려하였다.

http://old.tjadri.com

동제 대학교 대강당

四平路 1239号   황쨔화 등+TJADRI(통지건축설계연구원), 1962, 2007(개수 및 증축)

동제 대학교 대강당은 1962년 원래 황쨔화(黃家驊) 등 동제 대학교 설계팀이 대규모 식당으로 설계하였던 3,600㎡ 규모의 건축물로 폭 40m, 길이 50m의 아치형 구조를 한 무주공간의 실내와 함께 외관의 구조미가 인상적이다.

건설 당시 건축팀은 아치의 각부(脚部)에 받는 하중이 과중하다고 판단하여 그 사이에 V자형 철골을 삽입하여 하중을 경감시켰으며, 아치 구조의 양측에는 작은 집들이 모여 있는 것 같은 수직형의 천창을 설치하여 실내공간에 채광이 되게 하였다.

1999년 상하이의 역사적인 건축물 50개의 목록에 등재된 대강당은 2007년 동제 대학교 백주년을 맞이하여 7,000㎡의 면적을 개수 및 증축하였다.

대강당은 지붕의 일부를 유리로 덮어 채광을 충분하게 하면서 무대의 상부구조를 높이고, 지붕의 단열과 에어컨의 설치 등 에너지 절약을 위한 친환경적인 장치 등을 하였다.

실내공간도 개수를 한 대강당에서는 앞으로 신년을 맞는 콘서트나 행사 등을 개최할 것이다.

동제 대학교 중불 센터

장빈, 주웨이+TJADRI(통지건축설계연구원), 2006   四平路 1239号

동제 대학교 중불 센터는 캠퍼스 동남측의 1.29 강당 건너편에 위치한 지상 5층, 지하 1층에 연면적 13,575㎡ 규모의 건축물이다.

중국과 프랑스 간의 학문, 문화, 예술의 교류라는 상징성을 표현하면서 역사적인 장소인 1.29 학생운동을 기념하는 강당 및 기념공원과의 관계를 고려하여 디자인한 센터는 높이를 낮게 하였다.

회색의 시멘트 파이버보드로 마감한 ㄷ자형 매스의 동과 코르텐 강으로 마감한 ㄱ자형 매스의 동이 서로 관통하는 구성으로 디자인, 교류를 상징적으로 표현하였다.

나무들이 있는 역사적인 장소를 보존하면서 시멘트 파이버보드로 마감한 동과 코르텐 강으로 마감한 동은 두 나라의 교류를 위한 장을 상징하는, 마치 악수하는 형태를 추상화한 것처럼 얽힌 구성을 취하고 있다.

센터는 교육, 업무공간, 커뮤니케이션을 위한 공간이라는 3개의 공간으로 구성되어 있는 건축물이면서 코르텐 강의 매스는 연못에 의해 자연스럽게 시멘트 파이버보드 동의 매스와 연결되고 있다.

폴드 개념을 취하고 있는 건축물은 마치 뫼비우스 띠처럼 외관상으로는 분리된 것 같으나 실제로는 연결된 구성을 취하여 중국과 프랑스의 교류를 추상적인 공간으로 표현하고 있다.

시멘트 파이버보드로 마감한 동의 벽면에는 송나라 시대의 대나무 그림인 묵죽도(墨竹圖)의 패턴을 몰딩으로 처리, 건축물에서 역사성을 표현한 것이 이채롭다.

www.tjadri.com

상하이 유리박물관

长江西路 685号 로곤 아키텍처, 2011

상하이 교외 바오산 구에 위치한 유리박물관은 과거 유리를 제조하던 공장이 있던 5,785㎡의 대지에 세운 건축물이다. 박물관은 기존 30여 개의 건물들을 활용한 G+유리 테마파크 프로젝트로 2018년 완성을 목표로 단계적으로 실현될 것이다.

G+유리 테마파크 프로젝트는 1단계가 유리박물관, 2단계가 조각공원, 3단계가 과학공원, 4단계가 비즈니스 파크다. 상하이를 거점으로 활동하는 독일 건축가 팀인 로곤 아키텍츠는 중국 최초의 유리박물관을 디자인하면서 유리를 통한 시각적인 것에서 상상, 이해에서 커뮤니케이션, 감상에서 창조, 체험에서 향유, 참여에서 분배를 자극하는 공간으로 디자인하였다.

이런 다목적 기능의 복합 문화공간인 유리박물관을 유리와 관련된 전시는 물론 DIY 워크숍과 이벤트, 강의, 도서관, 카페 겸 레스토랑, 숍 등 상호작용을 활성화하는 공간으로 디자인하였다.

현재 단계는 두 동의 건축물이 유리의 커튼월로 연결된 4개 레벨을 가진 5,000㎡ 규모의 유리박물관이 주 활동 무대다.

전면의 동은 입구 로비와 뮤지엄 숍, 업무와 전시 공간, 카페 겸 레스토랑이며 후면의 더 큰 매스를 한 동은 박물관, 도서관, 강의실이 있는 동이다.

전면의 동은 유리 커튼월로 마감한 하층부 위에 상층부를 검은색 매스에 백색의 글씨가 쓰인 단순한 건축물이나, 야간에는 상부층의 검은색 매스의 U 글라스에 조명이 들어와 주간과는 다른 풍경을 연출한다.

1층의 천장고가 높은 입구 홀에서 매표를 하면 둥근 유리가 부착된 표이면서 기념품인 작은 녹색 태그를 준다.

전시장에서 다양한 오브제 같은 유리제품 등을 볼

상하이 유리박물관

로곤 아키텍처, 2011   长江西路 685号

수 있으며, 어두운 공간으로 연출된 미로 같은 박물관에서는 유리의 역사에서부터 재료, 그리고 만드는 공정에 이르는 과정의 전시와 함께 유리의 집이라는 상징적인 공간까지 수준 높은 전시를 공간에서 보여주고 있다.

전시공간과 박물관 사이는 두 동을 브리지로 연결하고 있으며, 천창이 있는 미니멀한 분위기의 카페 겸 레스토랑에는 화려한 붉은색 유리 샹들리에를 매달아 공간에서 포인트가 되게 디자인하였다. 카페에서는 커피를 마시면서 박물관과 전시공간에서 본 작품들에 대한 느낌을 반추할 수 있다.

외곽이라 교통이 편리한 곳은 아니나, 한 번 방문해야 할 공간이라 강력 추천한다.

www.logon-architecture.com
en.shmog.org

기타 지역

자이언트 인터랙티브 그룹 본사

상하이 치중 스포츠센터

지하철 5호선

베이차오 역

정투우앙뤼퀴지여우쎈공쓰 征途网络科技有限公司   기타 지역

자이언트 인터렉티브 그룹 본사

쑹장(松江) 대학타운 역 근처
中凯路와 广富林路의 교차점   모포시스, 2010

상하이 남서부의 지하철 9호선 쑹장 대학타운 역 근처에는 기존의 수로와 인공적인 호수, 구릉지에 이루어진 조경과 폴드형의 건축이 일체화된 건축물을 만날 수 있다.

3.2헥타르의 대지에 위치한 자이언트 인터렉티브 그룹 본사는 연면적 23,996㎡ 규모를 한 중국의 온라인 게임회사의 건축물이다.

본사는 업무공간, 전시장, 회의실과 강당, 도서관, 체육관, 호텔, 클럽하우스와 수영장이 포함된 소규모의 마을과 같은 프로젝트로 도로를 사이에 두고 동측 캠퍼스와 서측 캠퍼스로 구분되어 있다.

업무용 빌딩을 위한 동측 캠퍼스에는 개방형 업무공간과 독립된 개인사무실, 호수의 상공에 떠 있는 임원실과 도서관, 강당, 전시장, 카페 등이 조경과 일체화되어 있다.

서측 캠퍼스에는 마치 파도처럼 출렁이는 듯한 잔디가 덮인 인공적인 구릉지 아래 수영장과 운동시설, 휴게시설과 체력단련실 같은 공간으로 구성되어 있다.

구릉지 같은 랜드스케이프형 건축물의 일부를 절단하여 조성한 것 같은 광장들은 직원들의 휴식을 위한 야외 공간으로 사용되며 남측에 위치한 옥외 보도 형태로 호수와 연결된 보행자 전용 광장에서 보행자들은 호수를 즐길 수 있다.

기타 지역

정투우앙뤼퀴지여우쎈공쓰 征途网络科技有限公司

자이언트 인터렉티브 그룹 본사

모포시스, 2010

쑹쟝(松江) 대학타운 역 근처
中凯路와 广富林路의 교차점

자이언트 인터렉티브 그룹 본사

쏭장(松江) 대학타운 역 근처 中凯路와 广富林路의 교차점   모포시스, 2010

실내공간 역시 건축물의 구성처럼 역동적인 지붕 구조와 함께 거대한 둥근 콘 형태의 조명이 오브제처럼 설치된 공간에서 창의적인 작업을 할 수 있도록 디자인되어 있다.

외관에서 보이는 친환경적인 접근은 서측 캠퍼스의 녹색 구릉지 같은 지붕이 열 흡수를 제한하면서 냉방 역할을 하게 하며 이중 유리로 구성된 커튼월은 에너지를 효율적으로 관리하게 한다.

또한 곳곳에 위치한 천창은 직원들이 자연광이 비치는 쾌적한 환경에서 근무를 할 수 있게 한다.

이대 앞의 선 타워도 설계한 모포시스의 작품인 자이언트 인터렉티브 본사는 건축이나 실내를 전공한 사람이라면, 한 번 상하이에서 시간을 내서 방문해 볼만한 프로젝트다.

자이언트 인터렉티브 본사는 인터넷이나 아키데일리 상하이에도 정확한 주소가 없어 책의 편집 마지막 과정에서 겨우 수소문하여 게재하였기에 지도와 근처의 도로만 표기하였다.

www.morphosis.com
www.ztgame.cn

상하이 치중 테니스센터

센다 미츠루+사토 나오미+SIADR(상하이건축설계연구원), 2005   元江路 5500号

상하이 시 정부는 윔블던급의 테니스장을 상하이 치중 지구에 건축하기로 결정, 2003년 국제현상공모를 행한 결과로 일본의 센다 미츠루+사토 나오미 팀의 당선이 결정되었다.

개폐형 지붕이 설계의 요구조건이었기 때문에 센다 미츠루 팀은 셔터형 개폐 시스템을 제안하여 당선되었다.

현상공모 시에 15,000석과 9,000석이라는 2개의 스타디움의 지붕이 다 개폐되는 것으로 계획하였으나 실현된 안은 15,000석만 개폐되는 것으로 하면서 18개의 옥외형 코트를 설치하였다.

508에이커의 대지에 세워진 연면적 85,438㎡ 규모의 테니스센터는 철근콘크리트 구조에 지붕을 철골구조한 건축물로 실내경기장과 함께 VIP룸, 선수 라운지, 회의실, 라커룸, 레스토랑, 정보처리센터 등을 갖추고 있는 세계적 수준의 다목적 경기장이다.

지붕은 세계 최초로 상하이의 시화(市花)인 백목련 꽃잎이 활짝 개화하는 것을 모티브로 디자인하여 일본건축협회의 우수 건축으로 선정되었다.

아시아 최대의 테니스 경기장인 테니스센터는 매년 개최되는 상하이 ATP 마스터즈 1000의 회장과 NBA 플레이시즌 매치의 경기장으로 사용되었다.

www.ms-edi.co.jp
www.naomisato.com

상하이 엑스포

중국관

한국관

덴마크관

현대 상하이의 정점 –
상하이 엑스포

상하이 근대기를 상징적으로 보여주는 지역이 와이탄이었다면, 현대기 상하이의 정점을 알리는 사건은 무엇일까?

지역으로 본다면, 당연히 푸둥 지역이겠지만 사건으로만 본다면 2010년 상하이 엑스포라는 국제적인 이벤트일 것이다. 이런 상하이라는 도시에 있어 밀레니엄의 전환기적 사건인 상하이 엑스포는 2002년 12월 프랑스 파리에서 개최된 세계박람회사무국(BIE) 132차 총회에서 중국이 유치에 성공하면서 가시화되었다.

상하이는 2010년 5월부터 10월 말까지 6개월 동안 중국2010상하이세계박람회라는 등록박람회를 개최하면서 세계적인 도시로서의 새

상하이 엑스포 푸둥 지역 전경

로운 발걸음을 내딛었다. 보다 좋은 도시, 보다 좋은 생활, 자연의 예지를 주제로 한 상하이 엑스포는 도시와 생활에 눈을 돌린 동시에 중국 최초의 박람회란 점에서 세계의 이목을 집중시켰다.

중국은 상하이 엑스포를 통하여 생산력만이 아닌 생활수준과 경제 도시로서의 질적인 향상을 어필, 그 목표를 달성하였다. 1851년 런던 엑스포를 시작으로 한 엑스포는 초기의 산업박람회의 성격에서 탈피, 문화산업박람회의 성격을 지니게 되었으며 중국 역시 상하이 엑스포를 통하여 자국의 경제적인 발전과 함께 문화를 부각시키는 장으로 활용하였다. 중국은 개혁개방 이후 30년간 고속 성장을 하여 세계 경제의 한 축으로 자리 잡았으며, 이를 상징하는 사건인 2008년에 베이징 올림픽, 2009년에 신중국 60주년 기념행사, 그리고 2010년의 상하이 엑스포는 삼부작인 하이라이트라고 할 수 있다. 상하이 엑스포의 진정한 목적은 경제발전의 촉진보다는 7,000만~1억의 국내 관람객이 200여 국가의 문화와 세계 최고 기업이 만들어낼 미래의 과학기술과 세계 최고 도시의 발전 모델을 보고 시야를 넓히는 것이며, 또한 그것을 통해 13억 국민의 사고와 삶의 변화를 통한 중국 미래의 변화와 발전이다. 이 국제적인 이벤트를 중국 개방의 전진기지인 상하이가 담당한 것이다. 그러면 상하이 엑스포 단지를 좀 더 자세히 살펴보자.

황푸 강 양안에 위치한 엑스포 단지는 오래된 공장과 무허가 주택이 밀집한 낙후지역으로 총면적이 5.28km²로 여의도 면적의 62%이며 2005년 아이치 엑스포 면적의 2배에 달한다. 상하이 엑스포 단지의 특성은 낡은 공장 건물들을 활용하는 것으로 140년의 역사를 가진 장난(江南) 조선공장은 엑스포 기업관으로 사용한 후에 중국근대공업박물관, 난스(南市) 화력발전소의 165m 공장 굴뚝은 201m 관광탑, 상하이 강철특수강공장은 3,500석의 공연장으로 변신시키는 것이다.

상하이 시는 엑스포라는 국제적인 행사에 맞추어 도시 인프라도 대대적으로 확충하였다. 작년 말까지 123km였던 전철의 총연장은 2년 내에 400km로 늘어나면서 5개 노선 10개 역이 엑스포장과 연결되며 상하이-난징, 상하이-항저우 간 고속열차도 엑스포 개막에 맞추어 완공하였다. 이렇게 되면, 상하이, 난징, 항저우, 쑤저우, 창저우, 우시, 쿤산 등 인구 5,000만이 넘는 창장(長江) 삼각주 일대가 하나의 경제권으로 통합되면서 광둥 성에 이어 한국과 맞먹는 또 하나의 거대 경제권이 탄생하는 것이다.

192개 국이 참가하는 사상 초유의 규모인 엑스포 단지의 배치를 살펴보면, 황푸 강을 중심으로 푸둥과 푸시로 분산된 단지는 총 5개 존으로 구성되어 있다. 엑스포 문화센터와 엑스포 센터, 주제관과 함께 중국관 등 핵심 지역의 국가관과 시설들이 있는 푸둥 지역에는 아시아와 미주유럽의 국가관들이 배치되어 있으며, 푸시 지역에는 기업관과 도시관들이 배치되어 있다.

상하이 엑스포 푸시 지역 단지 전경

주요 시설과 국가관들이 집중되어 있는 푸둥 지역 단지의 전시관들과 시설들을 살펴보면, 단지를 세로로 관통하는 선 밸리(Sun Valley)라고 불리는 전장 1km, 폭 100m의 입체 통로를 주축으로 좌우측에 중국관과 엑스포 문화센터, 엑스포 센터를 배치하여 중심축이 되게 하였다. 선 밸리라는 엑스포 축은 독일의 SBA 인터내셔널과 구조전문가인 크니퍼스 헬비그가 설계한 날렵한 하이테크한 이미지의 육교로 구성된 입체 통로로서, 철골과 유리로 디자인된 6개의 원추형 구조물 사이를 멤브레인 구조로 연결한 유선형 외관의 미래지향적인 형상을 한 구조물이다. 엑스포 축인 선 밸리의 맨 앞에 위치한 엑스포 문화센터는 우주선이 안착한 것 같은 형상을 한 건축물로 ECADI(화동건축설계연구원)에서 설계하였다.

현재 메르세데스 벤츠 아레나로 사용 중인 하이테크한 이미지의 다목적 문화예술공간은 18,000석 규모의 아레나형 공연장을 갖추고 있

선 밸리라는 엑스포 축 전경

현재 메르세데스 벤츠 아레나로 사용중인
우주선 이미지의 엑스포 문화센터 전경

다. 문화센터의 후면에 보이는 69m 높이의 역 피라미드 형상을 한 중국관은 동방의 왕관을 상징하는 붉은 색 마감의 거대한 공포 구조를 형상화한 건축물로 허징탕(何鏡堂) 교수가 설계한 것이다. 단지 내의 건축물 고도를 24m로 제한한 데 비하여 월등히 높은 69m의 중국관은 단지 내의 랜드마크로 자리를 잡고 있다.

선 밸리라는 입체 통로를 중심으로 중국관과 반대편에는 엑스포 주제관과 엑스포 센터가 위치하고 있다. 정방형 평면을 한 엑스포 주제관은 현재 엑스포 전시관과 컨벤션 센터로 사용 중인 건축물로 종이접기를 콘셉트로 디자인하였다. 외관이나 지붕에서 마치 종이를 접은 것 같은 형상이 인상적인, TJARDI(통지건축설계연구원)에서 설계한 주제관은 전시관들과 회의실로 구성되어 있으며 디자인적인 접근에 있어 친환경적인 디자인을 한 것이 특징이다.

주제관 앞에 위치한 엑스포 센터는 유리 커튼월 마감의 긴 장방형 평면의 건축물로 2,600석의 회의실, 600석 규모의 국제회의실, 5,000석 규모의 다목적 홀과 레스토랑으로 구성되어 있으며 ECADI에서 설계하였다.

이 건축물들이 엑스포가 끝난 후에도 영구 보존되어 사용되는 단지의 중심적인 시설이라고 할 수 있다. 최근 많은 엑스포의 경우, 도시에서 개발이 지연된 지역에 엑스포라는 대규모 박람회를 시행하면서 인프라 스트럭처를 조성한 후 일부 시설은 보존하고 나머지 시설을 철거 후 지가가 상승된 지역을 재개발하는 방식을 취하고 있다. 그런 점에서 여수 엑스포가 입지적인 측면에서 엑스포 후에 재개발이 가능한 지역이냐 하는 것이 문제가 되는 것이다. 그러면 주요 국가관을 중심으로 살펴보기로 하자.

일본의 〈카사 브루터스〉라는 디자인 잡지에서는 국가관 베스트 7을 선정하였다. 노먼 포스터가 설계한 아랍 에미레이트관을 필두로 토마스 헤더윅의 영국관, 존 코르멜링의 네덜란드관, 매스스터디스의

미니멀한 상자형 외관을 한 엑스포 센터 전경

조민석이 설계한 한국관, 미랄레스 타그리아뷰(EMBT)의 스페인관, 슈미트 후버+카인들의 독일관, 알레한드로 자에라 폴로의 마드리드관을 선정하였다. 이외에도 인기가 있는 관으로 비야르케 잉겔스(BIG)의 덴마크관, JKMM 아키텍츠의 핀란드관, 에드가 라미레즈의 멕시코관, 지암파올로 임브리기의 이탈리아관, 자크 페리에의 프랑스관, 페이퍼(P.A.P.E.R) 아키텍처럴 팀의 러시아관, 니혼세케이의 일본관 등을 거론하였다.

동방의 왕관 이미지를 한 중국관 전경

영국관 전경

행복한 거리라는 이름이 붙은 네덜란드관

사막을 형상화한 유기적인 형태의 아랍에미레이트관, 구조체에 씨앗을 담은 6만 개의 투명 광섬유 막대로 이루어진 빛나는 구조물이 사선으로 구성된 부정형한 형태의 기단 위에 올려져 있는 영국관, 행복한 거리라고 불리는 여러 개의 집들이 모여 있는 구성을 취하고 있는 네덜란드관, 한글의 자음과 모음을 조형적인 요소로 디자인하면서 표면에 자음과 모음을 펀칭한 금속 패널로 마감한 한국관, 8천여 개의 등나무 패널로 구성한 해체주의적인 외관의 스페인관, 멤브레

한글의 자음과 모음을 형상화한 한국관

스페인관 전경

뫼비우스 띠 형상의 덴마크관

인으로 마감한 부정형의 조각 같은 건축물인 독일관, 익스팬디드 메탈 같은 외피로 구성한 프랑스관, 상자형의 매스를 유리 커튼월과 석재 마감의 솔리드 월을 사선으로 분할한 것 같은 이탈리아관, 상부가 펀칭된 매스들을 분절하여 클러스터형으로 모아놓은 것 같은 러시아관, 뫼비우스 띠 같은 구조물의 덴마크관 등이 관람객들에게 인상적인 단지의 풍경을 제공하였다. 국가관들을 통하여 또한 과거 많

이탈리아관의 실내

프랑스관 전경

러시아관 전경

은 선진국들이 발전된 과학기술 등을 전시 등으로 선보였던 것에 비해 문화와 예술, 산업들을 효과적으로 보여주면서 홍보를 하는 경향이 농후하다는 것을 알 수 있었다.

또한 2010년 상하이의 여름은 정말 무더워서 관람객들이 대기하며 더위를 피할 수 있는 차양 같은 장치들이 절실하였던 기억이 난다. 엑스포가 폐막한 현재 단지에는 엑스포 문화센터, 엑스포 주제관, 엑스포 센터, 중국관 외에 인기관으로 선정된 사우디아라비아관, 러시아관, 프랑스관, 이탈리아관, 스페인관을 영구 보존하기로 결정하여 방문하는 사람들은 그 건축물들을 통하여 상하이 엑스포의 자취를 가늠할 수 있을 것이다. 인기관 중에서 사우디아라비아관은 내부 전시관을 포함하여 원상태로 보존, 개방하며 나머지 관들은 건축 구조물만 보존, 향후 일반인에게 개방한다고 한다.

최근 단지의 재개발에 박차를 가하고 있으며 SK 그룹도 엑스포 단지에 7천 억 규모의 부동산 개발을 추진, 60층 빌딩의 건축을 계획하고 있다고 한다. SK 이외에도 바오산 철강그룹, 국가전망 등 10개의 중국 국유기업이 단지 내의 개발에 참여하고 있다고 한다. 단지 내에 위치한 상하이 엑스포 공원은 투렌스케이프(Turenscape)에서 설계한 친환경적인 공원이기에 시간이 있다면 방문하여 황푸 강과 조경이 어우러진 풍경을 감상해보기 바란다.

찾아보기

1933 라오창팡 300
353 플라자 176
800 SHOW 크리에이티브 파크 242

ㄱ
구이린 빌딩 115
그랜드 게이트웨이 248
그린 이스트코스트 국제 플라자 96

ㄴ
남경로 168
네덜란드관 334
니신 빌딩 130

ㄷ
더 롱지몽 호텔 상하이 264
더 브리지 8 200
더 페닌슐라 상하이 104
더 푸리 호텔 234
덴마크관 335
동방명주탑 60
동방예술센터 84
동제 대학교 건축학부 구관 312
동제 대학교 건축학부 신관 310
동제 대학교 교육 및 연구 종합동 308
동제 대학교 대강당 316
동제 대학교 도서관 309
동제 대학교 중독 학원 314
동제 대학교 중불 센터 317
동제 대학교 지역 305
동제 대학교 토목공학부 315
디 워터하우스 호텔 142

ㄹ
랭햄 신천지 상하이 호텔 194
러시아관 336
레드 타운 - 홍팡 266
록번드 아트 뮤지엄(RAM) 102
롱양루 자기부상열차역 92
루쉰 기념관 298

ㅁ
모간산루 M50 280

모리스 주택 205
미래에셋 타워 50

ㅂ
번드 18 112
번드 27 107
보콤(Bank of Communication) 파이내셜 타워 62
부티크 바이 190
브로드웨이 맨션 호텔 292
브릴리언트 시티 282
비달 사순 아카데미 191

ㅅ
상하이 HSBC 빌딩 119
상하이 IFC 빌딩 46
상하이 JC 만다린 호텔 223
상하이 URBN 호텔 240
상하이 가든 브리지 106
상하이 과학기술관 82
상하이 과학기술관 지역 35
상하이 국제금융센터 42
상하이 국제 크루즈터미널 294
상하이 국제호텔 160
상하이 남역 258
상하이 대극원 157
상하이 도서관 255
상하이 도시계획 전시관 150
상하이 머천트 은행 빌딩 66
상하이 무어 기념교회 171
상하이 미술관 152
상하이 박물관 148
상하이 상인 빌딩 72
상하이 세기 금융 빌딩 75
상하이 센터 224
상하이 센트럴 플라자 193
상하이 스타디움 254
상하이 스포츠클럽 162
상하이 시마오 국제 플라자 170
상하이시 무역연합회 빌딩 117
상하이 시 제일백화점 빌딩 167
상하이 시티그룹 타워 49
상하이 신 국제엑스포센터 86
상하이 신 진지앙 호텔 204
상하이 실업 빌딩 249
상하이 엑스포 푸둥 지역 328

상하이 역 283
상하이 역사박물관 58
상하이 예원상장 138
상하이 오리엔탈 스포츠 센터 93
상하이 은행 빌딩 64
상하이 인두 빌딩 73
상하이 인민 빌딩 151
상하이 인포메이션 타워 76
상하이 장거리버스 남 터미널 259
상하이 전시 센터 225
상하이 제너럴모터스 본사 81
상하이 중국 핑안그룹 타워 63
상하이 증권거래소 79
상하이 치중 테니스센터 325
상하이 케리 센터 237
상하이 패션 스토어 & 동아시아 호텔 174
상하이 포춘 플라자 45
상하이 푸동 국제공항 제1터미널 28
상하이 푸동 국제공항 제2터미널 30
상하이 푸동 애플스토어 48
상하이 푸지앙 브릴리언스 트윈 타워 68
상하이 플라자 199
상하이 항 국제 크루즈터미널 296
상하이 해관 빌딩 118
서가휘 지역 245
석고문 주택 오픈하우스 186
선 밸리 331
성삼위일체 교회당 122
수퍼 브랜드 몰 56
쉬자후이 천주교당 250
슈이온 플라자 196
스페인관 335
시로스 플라자 156
시틱 스퀘어 222
신 상하이 국제 빌딩 70
신세계 백화점 166
신천지 184
신천지 주변 지역 181
싱리프 파이낸스 타워 120
쓰리 온 더 번드-유니온 빌딩 126

ㅇ
아시아 빌딩 131
안다즈 상하이 194
알터 스토어 192
애스터 하우스 호텔 293

엑스포 센터 333
영국관 334
예원 134
오쿠라 가든 호텔 상하이 210
옥불사 278
와이탄 기상신호탑 140
외탄 지역 99
용안 백화점 175
용화사 256
우퉁원 주택 226
원 루지아쭈이 65
월도프 아스토리아 상하이 128
웨스틴 번드 센터 상하이 132
윌록 스퀘어 233
유나이티드 플라자 상하이 227
유니클로 상하이 플래그십 스토어 220
유안팡 빌딩 124
윤봉길 의사 기념관 299
이케아 상하이 쉬후이 매장 252
이탈리아관 336
인민광장 주변 지역 145
인터컨티넨탈 상하이 푸시 호텔 286
일식당 나다만 & 스시바 나다만 54

ㅈ
자이언트 인터렉티브 그룹 본사 322
저쟝 제일상업은행 빌딩 121
전자방 202
정안 구 215
정안사 232
제이드 온 36 52
젠다이 히말라야 센터 88
조인바이 시티 플라자 230
종룽 재스퍼 타워 67
중국관 334
중국보험 빌딩 78
중국 상인연합 상하이 지점 빌딩 123
중국 선박 빌딩 74
중국 외환거래센터 116
중국-유럽 국제 비지니스 학교 94
중국은행 빌딩 114
중국은행 상하이 빌딩 61
지우시 코퍼레이션 본사 141
진마오 타워 38
진수이 빌딩 71
진지앙 호텔 북루 208

ㅊ
차오양 신촌 284

ㅌ
투모로 스퀘어 154

ㅍ
패시픽 호텔 164
포동 신구 33
포동 신구 중심지 35
포시즌 호텔 상하이 218
푸둥 개발은행 빌딩 80
푸둥 샹그릴라 호텔 상하이 51
푸둥 전시관 85
푸둥 케리 센터 90
풀만 상하이 스카이웨이 호텔 206
프랑스관 336
프랑프랑 신천지 매장 188
플라자 66 238

ㅎ
하버 링 플라자 172
하이 상하이 302
하이퉁 증권 빌딩 173
한국관 335

허핑 호텔 남루 110
허핑 호텔 북루 108
헝산 몰러 빌라 호텔 228
헨더슨 메트로폴리탄 빌딩 177
홍구 지역 289
홍커우 축구장 297
홍콩 플라자 198

B
BEA 금융 타워 44

H
HSBC 타워 69

K
K11 아트몰 197

S
SPSI 아트 뮤지엄 268

Z
Z58 271